KB253141

하루 한 끼 생식

이 책을 소중한

_________________님에게 선물합니다.

___________________________ 드림

내 몸이 깨끗해지는
7일 디톡스 프로젝트

하루 한끼 생식

신성호 지음

위닝북스

내 몸을 살리는 한 끼 생식

'이 정도 허리둘레쯤이야, 나이 들면 다 그런 거야.'
'오늘 하루쯤이야, 피곤하니까 내일부터 운동하지 뭐!'
'그래도 저 사람보다는 내가 살이 덜 쪘네! 아직은 괜찮아!'

누구나 자신의 몸이 보내는 적신호를 무시하게 되면 비만, 당뇨, 고혈압과 같은 대사성질환을 앓게 된다. 우리나라의 암 환자 수가 150만 명을 넘어섰다. 또한 노인성질환으로 잘 알려진 치매로도 많은 사람들이 고통받고 있다.

왜 시간이 갈수록 아픈 사람들이 늘어나는 것일까? 현대인들의 생활환경과 식생활을 살펴보자. 각종으로 덮치는 유해환경과 식습관은 우리 몸에 독소로 쌓여 스스로 해독하는 능력의 한계를 뛰어넘었다. 몸에 독소가 쌓이게 되면 인체는 항상성이 무너지고 세포가 손상되어 만성질환을 유발하게 된다. 그러나 아무리 조심한다 해도 독소를 완벽하게 피해갈 수 없는 것이 현실이다. 미세먼지주의보와 변종바이러스의 출몰, 식품첨가물, 알코올, 담배, 트랜스지방과 같은 외부환경의 독소와 과식, 스트레스로 인한 내부 독소가 우리를 병들게 하고 있다.

몸을 위해 아무리 좋은 영양소를 섭취해도 몸속에 쌓여 있는 유해물질을 배출하지 못하면 영양소를 제대로 흡수할 수가 없다. 그래서 이 시대 건강을 지키는 초석은 바로 디톡스가 되어야 한다.

디톡스란 몸속의 쓰레기와 같은 독소를 대청소하는 것과 같다. 디톡스가 제대로 되어야 몸의 독소정화 능력이 정상적으로 작동하고 섭취한 영양소를 잘 흡수할 수 있다. 우리 몸이 청정지역이 되면 생명작용이 복원되어 자연치유력이 발생하게 된다. 인체의 장기들은 제대로 쉴 때 회복된다. 가장 중요한 것은 무엇을 어떻게 먹느냐다.

질병을 발견하여 약물을 복용하는 것은 이미 늦은 치료다. 먼저 식생활 습관을 교정하지 않고 약에만 의존하는 것은 근본적인 치료가 아니다. 그리고 완벽히 회복하기도 어렵다. 오히려 병을 더 키우고 있다는 사실을 알아야 한다. 질병을 치료하는 데 집중하기보다 환자를 살리는 치유가 더 필요한 것이다. 병을 치료하려고만 하지 말고 병의 원인을 찾아야 한다.

나는 어릴 때부터 허약한 체질로 방광염, 저혈압, 만성위염, 과민성대장증후군, 두통 등으로 '종합병원'이라고 불렸다. 삶은 약과의 전쟁이었다. 학교에 가는 것이 두려웠고, 약국은 수시로 들락날락했다. 그러나 하루 한 끼 생식을 섭취하고 난 이후 고질병이 자연스럽게 개선되면서 집중력이 좋아지고 체력이 회복되었다.

나는 15년 동안 생식 연구를 쉬지 않고 했다. 이 연구를 통해 생식의 영양소가 단순히 몸의 기능을 활성화하는 것뿐만 아니라 자연치유력을 극대화시킨다는 사실을 알았다. 그로 인해 질병 예방과 치료 기능까지 할 수 있다는 것을 증명했다. 당뇨, 고지혈증, 지방간, 세포의 돌연변이 억제 등 다양한 연구에서 생식의 효능에 대한 메커니즘을 발견했다.

현재 나는 수많은 만성질환자와 암 환자에게 건강을 회복하는 식이영양요법을 컨설팅하고 있다. 약물에만 의존하는 것이 아니라 치료의학과 영양치료가 병행이 되었을 때 근본적으로 질병의 원인을 관리할 수 있으며 회복도 된다.

'약식동원(藥食同源)'이라는 말이 있다. '먹는 음식과 약은 뿌리가 같다'는 말이다. 질병의 치료와 예방은 우리가 먹는 음식에 달려 있다. 건강은 스스로 만드는 것이다. 건강한 음식은 건강한 유전자를 만든다. 식생활을 바꾸는 것이 치유의 시작이라는 것을 알아야 한다. 나무가 마르는 이유는 뿌리가 건강하지 못하기 때문이다. 질병의 결과 처리만 하는 것이 아니라 그 원인부터 관리해야 한다.

생식은 우리 몸의 해독을 도와주며 부족한 영양소를 보충하는 해독 영양식이다. 누구나 부담 없이 일상과 병행할 수 있다. 또한 하루 두 끼 화식과 한 끼 생식을 실천하는 것으로 체내에 쌓여 있는 독소를 비우고 부족한 영양소를 채울 수 있다. 나는 하루 한 끼 생식을 통해 사람들이 건강한 삶을 추구할 수 있도록 돕고 싶다.

끝으로 전인적인 건강의 멘토이자 스승이신 황성주 박사님과 박건영 교수님께 감사하다. 또한 생식을 대중들에게 알릴 수 있도록 기회를 주신 〈한국 책쓰기 성공학 코칭협회〉의 김태광 코치님과 위닝북스 출판사의 권동희 회장님께 진심으로 감사를 드린다. 나의 곁에서 한결같이 응원해준 남편 박성민과 엄마의 빈자리를 스스로 잘 극복한 유솔, 유성이에게 고마움을 전한다. 불철주야 나의 모든 일을 지지해 주신 양가 부모님께도 감사드린다.

2016년 8월

신성호

차 례

CHAPTER 3

의사들이 알려주지 않는 시크릿 디톡스

CHAPTER 5 건강한 식습관이 내 몸을 살린다

모든 질환은 잘못된 식습관에서 온다

우리는 매일
독소의 습격을 받고 있다

3월은 새로운 시작을 알리는 계절이다. 나 역시 신학기가 시작되면 딸과 같은 마음으로 새로운 친구, 선생님을 맞을 준비르 마음이 설렌다. 그러나 기대도 잠시 딸은 학교를 다녀오면 전학을 가고 싶다며 날마다 울었다. 나는 '혹시 우리 아이가 왕따인가?', '도대체 무슨 문제일까?'라는 고민으로 머릿속이 복잡해졌다.

그러던 어느 날 딸아이의 짝꿍 형준이의 생일파티에 초대를 받아 함께 가게 되었다. 나는 그 자리에서 딸아이가 왜 매일같이 울었는지 그 이유를 알게 되었다. 형준이는 다른 아이들의 놀이 활동을 방해하고 충동적으로 화를 내며 친구를 때리거나 위험한 행동을 서슴없이 했다. 형준이 엄마도 그런 형준이를 포기한 듯 보였다. 형준이 엄마와 식사를 하며 대화를 나누는 중 형준이가 ADHD(Attention Deficit Hyperactivity Disorder) 진단을 받았다는 것을 알게 되었다. 맞벌이 가정의 형준이는 혼자 있는 시간이 많았고 매 끼 식사는 가공식품으로 해결해야 했다. 특히 치킨과 피자는 형준이가 가장 좋아하는 음식이라고 했다.

'ADHD'란 주의력결핍 과잉행동장애 증상이다. 주의력이 부족하여 산만하고 과격한 활동을 하며, 충동적으로 행동을 하는 상태를 말한다. ADHD의 원인은 다양하지만 특히 식품첨가물과 같은 화학물질과 중금속의 노출이 아이의 정신분열 증상과 폭력적인 행동을 일으키는 것으로 알려져 있다.

우리나라는 농업시대를 거쳐 산업시대로 빠르게 전환했다. 대량생산과 유통 시스템으로 각종 가공식품에 대한 수요가 늘어나면서 식품의 품질을 보존하기 위해 식품첨가물의 종류와 소비량이 급격히 증가했다. 현재 방부제, 표백제, 발색제, 식용색소, 합성감미료 등 약 660여 가지가 넘는 식품첨가물이 음식을 통해 몸속으로 들어온다. 우리가 음식을 과하게 먹는 만큼 식품첨가물의 종류도 과하게 들어오는 것이다. 플라스틱 용기와 비닐 팩 같은 일상적으로 사용하는 소재들도 화학합성 물질이다. 또한 농약은 농산물의 병충해를 예방하기 위해 사용하지만 과도한 사용은 농산물에 그대로 남아 우리의 식탁에 오르게 된다. 실제로 잔류농약 검출조사를 하면 어린

아이에서 성인에 이르기까지 거의 모든 현대인들이 노출되어 있다. 그 이유 중 하나는 해외 농산물들을 쉽게 접하면서 농약과 접촉할 기회가 전보다 많이 늘어났기 때문이다.

독소 중 가장 대표적인 것은 중금속이다. 중금속이란 '무거운 금속'이라는 의미다. 특히 카드뮴, 납, 니켈, 비소, 메틸수은과 같은 중금속은 실제로 몸에 들어오면 배출 기간이 약 20년 이상 걸린다. 평생 몸에 지니고 있는 것과 같다.

2015년 국립환경과학원이 최근 2년간 전국의 3~18세까지의 어린이와 청소년 약 2,400명을 대상으로 중금속 검사를 실시했다. 검사 결과 성인에 비해 어린이들이 환경오염 물질에 더 많이 노출되어 있었다. 특히 어린이와 청소년은 혈중 납, 비스페놀, 수은, 카드뮴과 같은 중금속의 노출이 아주 심각했다. 또한 영유아기의 중금속에 대한 노출은 평생의 건강에 영향을 미칠 수 있다고 보고했다. 미세먼지, 주거환경의 마감재도 예외는 아니다. 이러한 독소들은 체내에서 잘 배출되지 않으며 오랫동안 축적된다. 외부의 독소들이 유입되면 신경성장애뿐만 아니라 다양한 만성질환을 유발하게 되어 집중력이 떨어지고 난폭해진다. 자기중심적인 자아가 형성되고 청소년 폭력과 자살로 이어져 사회적인 큰 문제를 일으키게 된다.

외부에서 들어오는 이러한 독소로 인해 유해균, 젖산, 활성산소와 같은 신체 내부의 독소가 더 많이 생성된다. 우리의 몸은 스스로 해독하는 시스템을 갖고 있다. 그러나 과도한 독소의 노출은 몸속에서 정화하는 능력의 한계를 뛰어넘는다. 그 결과 해독시스템에 과부하가 걸려 만성피로, 아토피, 비염, 천식, 알레르기성 질환, 호르몬장애 등으로 이어진다. 딸아이를 괴롭혔던 형준이도 독소로 인한 피해자 중 한 명이었다. 우리가 섭취하는 식품을 통하여 들어오는 독소는 신체는 물론이며 정신에까지 영향을 준다.

24세 직장인 K 씨는 매달 생리통증후군으로 고통을 겪고 있다. 그녀는 매달 그날이 찾아오면 회사에 출근할 수 없다. 허리가 끊어질 것 같은 고통과 함께 골반이 빠지는 듯하기 때문이다. 그녀는 생리통증후군이 시작되면 매달 외로운 전쟁을 한다. 진통제를 먹어도 생리통증후군이 해결되지 않는다. 먼저 나는 그녀의 식생활 패턴을 분석했다. 그녀는 햄버거와 라면이 주식이었고 간식은 초콜릿, 과자를 즐겨 먹었다. 그리고 탄산음료는 물처럼 항상 준비되어 있었다.

'생리통증후군'이란 호르몬의 불균형에서 찾아오는 질환이다. 특히 환경호르몬은 호르몬장애를 일으키는 화학물질이다. 가정에서 사용하고 있는 합성세제, 세정제, 생활용품과 컵라면, 음료수병, 통조림 캔, 플라스틱 그릇과 같은 일회용품 등이다. 식품을 통해 들어오는 살충제, 농약, 중금속류, 다이옥신과 같은 물질들을 통해 환경호르몬을 접촉하게 된다.

어린 시절 모래나 흙을 가지고 놀았던 세대들과 다르게 요즘 아이들은 장난감이나 교구들을 사용해 놀이를 한다. 이 역시도 환경호르몬에 오염되어 있다. 이러한 환경호르몬은 우리 몸속에 유입되어 마치 자신의 호르몬처럼 작용한다. 우리의 성호르몬을 교란시키고 호르몬의 균형을 깨뜨린다. 심지어 환경호르몬은 남성의 정자 수 감소, 생식 기능 등을 저하시켜 젊은 부부들에게 불임과 유산을 일으킨다. 그뿐만 아니라 아이들의 정신적, 육체적 성장장애를 일으킬 수 있다.

환경호르몬이 인체에 해로운 물질이라는 것은 알지만 피해서 살기란 어려운 것이 현실이다. 결국 환경호르몬에 노출되면 이러한 독소들이 몸에 축적되어 몸의 해독시스템이 과부하가 걸린다. 해독시스템에 부담이 커지면 우리 몸의 항상성이 무너지게 된다. 결국 면역계와 신경계장애가 발생한다. 우리는 해로운 물질을 몸 밖으로 배출을 하는데 심혈을 기울여야 한다. 유해물질이 몸 안으로 과다하게 들어오는 것을 막고 우리 몸의 해독 장기인 대장, 신장, 폐, 피부에서 노폐물이 잘 배출될 수 있도록 해야 한다. 이것이 바로 디톡스다.

디톡스는 해독을 의미하며, 체내의 쌓인 독을 배출함으로써 몸의 균형과 건강을 되찾아 준다. 불규칙한 식생활과 환경호르몬으로 인한 호르몬장애가 심각했던 K 씨는 목숨 걸고 식생활 패턴을 바꾸기 시작했다. 그녀는 자극적이고 당장 입 안에서 맛있는 음식을 피하기 시작했다. 이러한 노력은 결코 쉬운 일은 아니었다. 하지만 매달 찾아오는 생리통증후군의 고통을 해결할 수만 있다면 못할 일이 없었다. 그녀는 삼시 세끼 현미밥과 생야채, 과일, 물을 수시로 먹으며 해독이 되는 자연식 위주의 식단을 지켰다.

그녀는 자연식으로 완전히 식단을 바꾸었고 한 달 후 놀라운 신체적인 변화를 경험했다. 진통제 복용량이 3알에서 1알로 줄어든 것이다. 그리고 생리전증후군으로 찾아오는 아랫배의 통증이 점점 줄어들기 시작했다. 식생활의 변화가 신체의 변화를 주도하고 있었다. 체내 해독시스템을 도와줄 수 있는 해독식이 그녀의 몸에서 일어나고 있는 호르몬의 교란을 정상적인 시스템으로 바꾸어 주었다.

우리는 날마다 독소들과 접촉하며 살고 있다. 시대적으로 점점 편리해지는 만큼 자연과 환경이 훼손되어 진정한 먹을거리의 정체성을 잃어버리고 있는 것이다. 서서히 체내에 쌓인 독소와 외부에서 들어오는 유해물질은 몸과 마음을 병들게 한다. 지금부터 우리는 '무엇을 먹을까'보다 내 몸을 '어떻게 비울까'에 초점을 맞춰 살아야 한다.

맛있는 음식에
목숨 걸지 마라

요즘은 요리 프로그램이 인기다. 멋진 셰프들의 현란한 솜씨로 화려하게 탄생하는 음식은 하루 일과에 지친 사람들의 눈과 입을 즐겁게 해준다. 방송에서의 연예인들의 맛깔스러운 언어 표현과 표정은 침샘을 자극하며 마음까지 사로잡는다.

TV를 켜면 음식을 먹는 방송이 주류를 이룬다. 그야말로 '먹방 전성시대'라고 불릴 만큼 음식 방송이 하루에도 수차례 방영된다. 사람들은 소개된 맛집을 찾아다니고 요리에 흥미가 없더라도 누구나 따라할 수 있는 레시피를 보며 직접 요리를 만들어 먹는다.

SNS를 통해 맛집 추천 서비스를 이용하면 원하는 음식을 언제든지 먹을 수 있다. 주부들도 더 이상 부엌일에 매달리지 않아도 되기 때문에 행복하다. 에너지와 시간을 낭비하지 않고 언제든지 '제2 의 부엌'인 맛집을 찾아가면 된다. 심지어 청소년들의 장래희망을 물어보면 "셰프가 되고 싶다."고 말한다. 아이들은 연예인들이 예능을 하면서 요리하는 모습에 매력을 느끼는 것 같다.

현대인들에게 정성 가득한 어머니의 손맛보다는 화려한 레시피로 포장된 각종 요리들이 더 눈에 들어온다. 이러한 욕구를 부추기는 TV 광고와 식품산업은 외식의 욕구를 더욱 높인다. 그러나 과연 입을 즐겁게 하는 음식이 우리 몸까지 행복하게 만들어 줄까?

나는 15년 동안 식생활 문화를 연구하며 건강한 먹을거리를 선도하는 식탁혁명을 알리고 있다. 세미나 순회를 하고 있다 보니 전국 각 지역의 맛집들이 소개하는 산해진미는 거의 다 접하고 있다. 맛있는 음식을 먹다 보면 그 즐거움에 젖어 하루의 피로를 잊게 된다. 그러나 시간이 흘러 나에게 돌아오는 것은 만성피로와 비만이었다. 건강한 식탁혁명을 부르짖었던 몸은 부끄럽게도 이율배반인 모습을 보여주었다.

중국의 의학서 《황재내경》 중 〈상고천진론편 소문〉의 내용을 소개한다. 황제는 기백에게 생명에 관한 다음과 같은 질문을 한다. "듣자 하니 옛사람들은 나이가 백 살이 넘어도 행동이 나이 든 사람 같지 않았다고 하던데 요즘 사람들은 쉰 살만 되어도 움직임이 민첩하지 못하오. 이것은 시대가 달라졌기 때문이오, 아니면 사람들이

양생의 도에 주의를 기울이지 않기 때문이오?" 그러자 기백이 대답했다. "옛사람들은 하나같이 양생의 도를 잘 알고 있었기에 천지음양의 변화를 그대로 따랐으며 정기를 조절하고 기르는 법도 잘 이해하고 있었습니다. 음식을 먹을 때도 절제할 줄 알았고 일상적인 삶도 규칙적이었으며 무리해서 힘을 쓰지 않았습니다. 반면 요즘 사람들은 술을 음료 마시듯 무절제하며 몸에 해로운 것을 늘 합니다. 또 술을 마신 후에는 제멋대로 성교하면서 여색을 즐기다가 정기를 소진하고 진기를 없애버리니 그런 것입니다." 황제의 질문에 기백은 사람들의 문제점은 바로 잘못된 식생활 문화와 생활습관이라고 답했다.

우리에게 식욕과 성욕은 생존본능이다. 그러나 잘못된 성욕으로 사회적 물의를 일으켰을 때 법적 조치를 받으며 대가를 치르게 된다. 그러나 우리의 가장 큰 문제는 바로 식욕이다. 식욕이 과하다고 하여 또는 잘못된 식생활을 한다고 해서 법적 규제를 받는 일은 없다. 그렇기 때문에 통제할 수가 없다. 지나친 욕심은 결국 몸과 마음을 상하게 하는 가장 빠른 지름길이다. 넘치는 식욕과 맛있는 음식에 대한 탐욕을 스스로 절제해야 건강을 지킬 수 있다.

나도 맞벌이를 하기 때문에 간편하게 즐길 수 있는 식품들과 아이들이 혼자서도 해결할 있는 조리음식들을 찾게 된다. 식품 매장의 식품들은 바쁜 현대인의 마음을 꿰뚫고 있기나 한 듯이 빠르고 맛있게 즐길 수 있는 다양한 식품들을 소개하고 있다. 밥을 거르기가 쉬운 사람들을 위해 즉석 밥과 햄, 김, 통조림 등 물만 넣으면 맛있게 먹을 수 있는 인스턴트 식품들을 손쉽게 구입할 수 있다. 나는 자주 먹는 식품은 한꺼번에 많은 양을 구입해서 냉장고에 보관한다. 내가 없어도 가족들이 출출할 때 언제든지 먹을 수 있기 때문이다.

몇 년 전 우리나라에 전쟁이 벌어진다며 '대국민 라면 사재기' 열풍이 일어났다. 그러나 라면은 더 이상 비상용 식품이 아닌 일상용 식품이 되었다. 비상용 식품이란 자연재해나 전쟁 시 먹는 식품이다. 그러나 이제 더 이상 재난과 전쟁을 위한 구호 음식이 아니다. 오히려 비상용 식품들이 단순히 배만 채우는 것이 아니라 더욱 맛있게 먹을 수 있는 별미식품으로 둔갑해 버렸다.

2015년 한국농수산식품유통공사는 '식품 소비량 및 소비행태 조사' 보고서를 발표했다. 식품의 주 구입자 약 2,000명을 대상으로 조사한 결과 구입 경험 비율과 빈도가 가장 높은 품목은 과자류이며, 상위 10개 품목들 중 두부, 햄, 소시지, 어육과 같은 가공식품들이 많았다. 이러한 가공식품을 구입하는 이유는 조리하기가 간편하고 시간을 절약할 수 있으며 경제적이기 때문이다. 맛도 있고 언제든지 편리하게 즐길 수 있으며 가격까지 경제적이니 일석삼조의 혜택을 얻을 수 있는 것이다. 그러나 맛있는 음식에는 분명 이유가 있다. 수많은 식품첨가물과 장시간 유통을 위한 방부제와 보존제의 위험성을 반드시 알아야 한다.

　나는 돈을 주고 독소를 사러 대형마트에 가고 있는 것이다. 재래시장의 산지직송 제품들과 달리 마트에서 대량 포장된 식품들은 보존과 방부를 하기 위해서 첨가제가 더 많이 들어간다. 나는 일주일에 두세 번 대형마트로 장을 보러 간다. 사실 꼭 필요하지 않더라도 깜짝 이벤트가 걸려 있는 식품이라면 고민하지 않고 바로 산다. 심지어 허기진 상태로 마트에 갔을 때는 시식대에 올려진 튀김만두, 소시지, 햄과 같은 즉석음식들을 먹기도 한다. 결국 필요 이상으로 식품들을 구입하게 되고 다 소비하지 못하고 음식물쓰레기로 버리는 경우가 많다. 나는 최대한 대형마트를 가는 횟수를 줄이고 대형마트를 가더라도 포장제품보다 자연식 위주의 필요한 제품만 구입하기 위해 애쓴다. 대형마트에 가는 횟수가 줄어드니 우리 집 냉장고에서 유통기간이 지나 쌓였던 식품들이 사라지게 되었다.

　방송 프로그램에서 빵 마니아들이 나왔다. G 씨는 유명한 빵집은 다 다녀 봤으며 1년에 200개 이상 새로운 빵집을 찾아간다고 했다. 그리고 몇 년 간 삼시 세끼를 빵만 섭취했다고 밝혔다. 그런데 그 이후 빵 때문에 10kg 이상 살이 찌게 되었다고 말했다.

　요즘은 한 집 건너 한 집 꼴로 빵집을 쉽게 본다. 우리의 문화도 쌀 문화에서 빵 문화로 많이 바뀌었다. 어린 시절 바나나와 초콜릿은 외국에서나 먹을 수 있었던 식품들로 동경했던 기억이 난다. 그러나 요즘은 해외에 나가지 않더라도 초콜릿, 젤리, 과자들이 종류별로 가득하다. 수입식품 코너에서는 프랑스, 이탈리아, 일본, 스위스와 같은 세계 각 지역의 수입 식품들도 손쉽게 구입할 수 있다. 그러나 이러한 식품들의 공통점은 바로 중독성이다. 과도한 설탕과 소금, 지방은 금단현상처럼 반복적인 섭취를 요구한다. 설탕 함량이 높은 가공식품이나 인공감미료가 포함된 냉동식품에 길들여지게 되면 비만과 같은 식원병증후군을 일으킨다. 또한 산만하고 과격한 성향을 띠는 성격장애를 불러온다. 이런 식품을 섭취하다 보면 체내에 당분이 과잉 섭취되면서 정상 혈당치를 유지할 수 없다. 그래서 신체 내 영양의 불균형으로 저혈당증이 발생될 수 있다. 이러한 음식문화를 부추기는 가공식품의 화려한 등장은 생명을 지키고 건강을 유지시켜 주는 먹을거리의 자리를 빼앗고 있는 셈이다.

우리는 맛있는 음식을 먹으며 스트레스를 푼다. 가정에서는 해외식품과 편이식품들을 언제든지 손쉽게 즐길 수 있다. 그러나 오감을 자극하는 식생활 환경이 우리의 몸을 건강하게 지켜줄까? 입이 즐거운 식사가 몸까지 생각하는 것은 아닐 것이다. 우리는 입이 즐거운 맛있는 음식에 목숨 걸지 말고 몸이 원하는 좋은 음식도 함께 섭취해야 한다.

삼시 세끼가
내 몸을 망친다

엄마는 항상 자식들이 굶고 다니지는 않는지 끼니 걱정부터 하신다. 부모님 세대가 어렸을 때는 흰쌀밥에 고깃국이 최고의 밥상이었다. 불과 50년 전 보릿고개 시절에 너무나 배고프게 산 나머지 감자나 보리를 먹으며 끼니를 때웠기 때문이다. 그래서 엄마는 쌀 한 톨이라도 버리면 벌 받는다고 말씀하셨다.

대부분의 사람들은 매일 삼시 세끼를 꼬박 챙겨 먹어야 건강하다고 생각한다. 하루 세끼를 먹지 않으면 영양 부족이 오지 않을까 하며 걱정하거나 불안해한다. 그러나 포만감을 준다고 해서 영양 상태가 우수한 것은 아니다. 방송인 슬리피 씨는 건강 상태가 최악이라는 것을 알고 삼시 세끼를 챙겨 먹기 시작했다. 배가 불러도 챙겨 먹다 보니 한 달 만에 몸무게가 4kg 이상 증가했다고 고백했다.

과거 밥심으로 일을 하던 육체노동자들과는 달리 지금은 정신노동 업무에 더 많은 시간을 집중하고 있다. 그러다 보니 섭취 에너지에 비해서 활동 에너지의 소모량이 급격하게 줄어들었다. 하루 식사를 통해서 들어온 섭취 에너지가 소모되지 않으면 포도당으로 저장된다. 결국 나머지 포도당은 지방으로 전환되어 비만을 유도하게 되는 것이다.

삶의 풍요로움으로 인해 사람들의 비만율은 폭발적으로 늘어났다. 심지어 우리나라 청소년 비만율은 세계 최고 수준이다. 하루에 세끼를 먹어야 한다는 식생활 패턴에 대한 고정관념을 바꾸어야 한다. 오히려 세끼를 다 먹다 보면 살을 빼기 위한 피트니스 센터와 비만클리닉 센터만 늘어날 뿐이다.

우리는 건강에 문제가 생기면 인터넷 검색과 책 등 각종 매체를 통해 해결책을 찾는다. 그러나 그때마다 결론은 무엇이든 더 많이 골고루 먹어야 한다는 것이다. 그리고 전문가들마다 조금씩 건강에 대해 말하는 기준점이 달라 어디에 장단을 맞춰야 할지 혼란스러울 때가 많다. 심지어 옆집에 사는 사람이 "요즘 상황버섯을 먹고 있는데 피로도 풀리고 체력이 좋아지네."라고 말하면 "아, 몸에 그렇게 좋아요? 그럼 나도 한 박스 주문해 주세요."라며 건강식품에 의지하기도 한다.

대부분의 사람들은 자신의 건강에 무엇이 문제점인지 파악하지 못하고 있다. 그래서 무엇을 더 먹고 줄여야 할지 알지 모른 채 때마다 유행하고 있는 것으로 건강을 챙기려고 한다. 우리 몸은 질병이 생기면 입맛이 사라진다. 그러나 이럴 때일수록 더 먹어야 한다며 먹는 일에 집중한다. 입맛이 사라지는 것은 우리 몸이 병마와 싸우기 위해 집중하고 싶다는 의미다. 동물들도 몸이 아프면 몸속에 존재하는 노폐물을 분해하고 정화하기 위해 금식을 한다. 이것은 자연의 법칙이다. 스스로 정화하고 해독하는 치유의 힘을 믿고 있기 때문이다.

방송 다큐 프로그램《목숨 걸고 편식하다》의 '기적의 사나이' 이태근 씨는 팔 남매 가운데 다섯째로 태어나 귀하게 자랐다. 하지만 30대 젊은 나이에 말기만성신부전증 환자가 되었다. 여동생의 신장을 이식받았지만 평생을 면역억제제와 스테로이드제를 먹지 않으면 목숨을 장담할 수 없는 병이었다. 그러나 그는 장기 이식을 한 후로 15년 이상의 생존이 힘든 상황임에도 불구하고 모든 약을 끊었다. 오로지 자연과 더불어 살아야 건강을 보장받을 수 있다는 생각으로 지금까지 30년 동안 채식 위주로 하루 한 끼 식사를 했다. 그 결과 감기 한 번 걸리지 않았고 고혈압 수치가 정상으로 돌아왔다. 또한 혈액의 독소 수치도 안정되었다.

그는 "건강을 생각한다고 세 끼를 꼬박꼬박 먹다 보면 영양 과잉 상태가 되기 쉽고 생명력과 치유력이 떨어진다."라고 말했다. 과연 우리가 맛있는 음식의 유혹을 거부하고 하루에 한 끼만 먹고 살 수 있을까? 모든 사람들에게 하루 한 끼의 식사만 먹으라는 것은 아니다. 다만 자신의 몸이 감당할 수 있을 만큼의 음식을 먹어야 한다. 많이 먹으면 먹은 만큼 움직여야 한다. 그러나 일상적으로 가정과 직장을 오가며 그만큼의 열량을 소모하기가 쉽지 않다.

《1일 1식》의 저자 나구모 요시노리는 아버지가 심근경색으로 쓰러지게 되자 아버지의 병원을 맡아서 운영하게 되었다. 그는 의사로서 스트레스를 받았고 그로 인해 폭식을 하게 되어 체중이 증가했다. 그러나 하루 한 끼 식사를 실천하면서 몸무게를 줄이고 질병을 극복했다. 그는 10년 전부터 하루 한 끼 식생활을 해왔고, 현재 60세가 넘었지만 혈관의 나이는 불과 20대다.

그는 공복 상태가 아픈 곳을 치료하며 다이어트뿐만 아니라 피부 나이까지 젊어지는 효과가 있다고 말한다. 그는 "현대인의 건강에 적신호가 켜지는 모든 현상은 많이 먹기 때문이며 적게 먹어야 질병에 걸리지 않고 오래 건강하게 살 수 있다."라고 강조한다. 절박한 상황에서 잠재되어 있는 에너지가 나오듯이 우리의 인체도 절박한 상황에 처했을 때 생명을 지키는 힘이 나오게 된다. 이것이 바로 장수유전자다. 장수유전자는 노화와 병을 동시에 막아주는 기능을 가지고 있을 뿐만 아니라 수명을 연장시킨다. 장수유전자는 우리의 몸이 위기상황에 진입했을 때 활성화된다.

균형 잡힌 영양소를 생각한다면 음식의 양보다는 질적인 부분을 더 신경 써야 한다. 만약 오늘 한 끼의 식사로 햄버거와 새싹 비빔밥을 먹을 수 있다면 무엇을 선택하겠는가? 맛과 포만감을 원한다면 햄버거를 선택할 것이지만 음식의 밀도가 높은 음식, 즉 질적인 부분을 원한다면 새싹 비빔밥을 선택할 것이다.

보릿고개 시절을 겪은 부모님들은 배불리 먹는 것을 꿈꾸며 자식들에게도 많이 먹을 것을 권했다. 이것이 미덕이라고 생각했다. 그러나 모든 만병의 근원은 못 먹어서 생기는 것이 아니다. 바로 잘못 먹어서 생기는 병들이다. 우리는 삼시 세끼에 간식까지 포함한다면 필요 이상으로 많이 먹고 있다. 하루 세끼를 챙겨 먹기 시작한 것은 불과 백 년 정도밖에 되지 않았다. 그렇다면 지금 우리의 밥상은 무엇이 문제일까?

첫째, 우리가 먹는 음식들은 인공 조미료와 정제된 설탕으로 감칠맛이 나면서도 과도하게 맵고 짜다. 이러한 자극적인 음식은 위산 분비가 많아지며 과산성 위염을 유발한다. 그래서 소화장애를 일으키기 쉽다. 또한 과식을 유발하기 때문에 몸에 독소와 노폐물의 과부하가 생긴다.

둘째, 현대인의 밥상은 고칼로리와 고지방 식단으로 채워졌다. 한국농촌경제연구원 〈식품수급표 2013〉을 토대로 1963년부터 2013년까지 한국인의 식단 변화 양상을 분석해 보았다. 그 결과 전체 식단에서 곡물이 차지하는 칼로리 비중이 85.9%에서 48.9%로 크게 떨어진 반면, 2%에 불과하던 고기류 비중은 8.7%로 4.3배가량 증가했다.

지방은 우리 몸에 꼭 필요한 존재이지만 피하조직이 아닌 다른 조직에 쌓이면 당뇨병, 고혈압, 동맥경화 등의 원인이 된다. 특히 내장에 지방이 쌓이면 뱃살이 찌면서 혈압, 혈당, 콜레스테롤, 중성지방에 변화가 생겨 각종 성인병을 앓게 된다. 사람들이 고칼로리 식단을 걱정하고 있는 것도 이 때문이다.

셋째, 식단의 서구화로 수입식품의 비중이 나날이 커지고 있다. 과거 바나나와 오렌지를 쉽게 구할 수 없었던 때와는 달리 지금은 언제 어디서나 쉽게 먹을 수 있는 음식이 되었다. 또한 수입식품의 비중도 해마다 증가하여 식탁의 절반을 수입식품들이 차지하고 있다.

반드시 삼시 세끼를 먹어야 건강해진다는 생각은 버리자. 자연의 사자도 배가 부르면 눈앞에 지나가는 사슴을 내버려둔다. 그러나 인간은 자신의 몸이 원하지도 않는데 과도한 식사로 몸에 부담을 주는 일이 많다. 우리의 몸이 소화, 흡수, 배설, 해독할 수 있는 시간을 주기 위해서는 내 몸이 필요한 만큼만 먹으면 된다. 이제부터 삼시 세끼에 대한 고정관념을 버리자. 그리고 오늘부터 내 몸의 청신호, 배 속의 배꼽시계 소리를 즐겨보자. 생명 작용을 하는 장수유전자가 활발하게 작동한다는 신호일 것이다.

불규칙한 식사가
건강을 위협한다

은행원인 P 씨는 항상 시간이 부족해 아침식사를 거른다. 그는 시간이 없다 보니 음식을 빨리 먹는 식습관을 가지고 있었다. 게다가 소화가 되기 전에 바로 앉아서 일을 하기 때문에 소화불량으로 항상 속이 더부룩했다. 그리고 은행 창구에 고객들이 몰려오는 날이면 식사시간은 늦어졌다. 그는 언제 식사를 할지 모르기 때문에 한 번 먹을 때 많이 먹었다. 그리고 만성적인 두통과 피곤함을 달고 살았다.

그는 최근 소변을 자주 보고 입이 마르는 현상으로 병원을 방문했다. 검사 결과 당뇨병이라는 사실을 알게 되었다. 이제 그는 아침에 일어나 혈당을 재는 것부터 시작한다. 공복 혈당 수치가 조금 높은 날은 음식부터 조절한다. 공복 혈당 수치가 높으면 그 전날 밤에 뭘 먹었는지 점검도 한다. 그는 혈당을 체크하기 위해 하루에 두세 번 손가락에 피를 낸다. 조금만 실수해도 다음 날 혈당치에 큰 변화가 생기기 때문에 먹는 음식에 대해 예민할 수밖에 없다. 그는 아프고 나서야 건강보다 중요한 건 없다는 사실을 깨달았다고 말했다.

누구나 불규칙한 식생활을 경험한다. 불규칙한 식사를 하게 되면 보통 배가 많이 고플 때 먹게 된다. 그래서 과식을 하게 된다. 이런 식사가 반복이 될 경우 우리 몸속에서는 저혈당과 고혈당의 심한 기복이 생기게 된다. 결국 인슐린 분비를 담당하는 췌장에 무리가 간다. 그래서 불규칙한 식생활이 반복될 때 가장 위험한 질병이 바로 당뇨다.

당뇨란 혈액 중 포도당의 농도가 높아서 소변으로 포도당이 빠져나오는 질병이다. 포도당은 우리가 먹는 음식물 중 탄수화물의 기본 구성 성분이다. 탄수화물은 위장에서 소화효소에 의해 포도당으로 변한 뒤 다시 혈액으로 흡수된다. 흡수된 포도당이 몸 안으로 들어와 세포에 이용되기까지 췌장에서 분비되는 인슐린이 반드시 필요하다. 인슐린은 식사 후 혈당을 낮추는 기능을 한다. 여러 가지 이유로 인해 인슐린이 부족하거나 기능이 떨어지면 체내에 흡수된 포도당은 이용되지 못하고 소변으로 배출된다. 당뇨는 포도당과 함께 소변으로 배출되기 때문에 몸 안에 수분이 부족하게 되어 심한 갈증을 느끼게 된다. 그리고 섭취한 음식물이 소변으로 배출되어 에너지로 이용되지 못하므로 공복감이 커진다. 그래서 당뇨의 증상인 '다뇨, 다식, 다갈' 같은 '3다 현상'으로 나타나게 된다.

불규칙한 식사는 과식으로 이어지고 과식은 비만을 부른다. 비만은 당뇨병의 원인이다. 비만이 지속되면 몸 안의 인슐린 요구량을 증가시킨다. 그 결과 췌장의 인슐린 분비 기능을 점점 떨어뜨려 당뇨병으로 이어진다. 당은 신체에서 에너지로 쓰이지만 섭취한 당이 에너지로 사용되지 못하면 결국 지방으로 변환되어 몸에 쌓인다. 축적된 지방에서 나오는 독소들은 인슐린이 제대로 작동하는 것을 방해한다. 당뇨병의 발병 위험은 비만이 증가할수록 커진다. '대한당뇨병학회'의 자료에 따르면 고도비만의 경우 10년 이내에 당뇨병이 발생할 위험이 정상 체중을 가진 경우보다 무려 80배나 높았다.

당뇨병은 자체 증상보다는 합병증의 위험이 훨씬 큰 병이다. 혈액에 과포화된 포도당은 몸에 해로운 영향을 끼친다. 혈관을 타고 돌면서 혈관 자체나 신경 등 세포조직을 파괴한다. 결국 당뇨는 무서운 합병증을 일으킨다. 가장 대표적인 합병증이 바로 시력 저하다. 눈 안쪽 깊은 곳에 있는 망막에 사물의 상이 맺히면서 사물을 볼 수 있는데 혈당 수치가 높아져 세포가 손상을 입으면 시력이 떨어지게 된다. 당뇨병은 몸을 서서히 파괴하는 병으로 완치가 어렵다.

그래서 당뇨병 환자는 과식과 편식을 피하고 일정한 시간에 규칙적으로 식사를 하는 것이 매우 중요하다.

헤어디자이너인 K 씨는 바쁜 일정 때문에 점심식사를 거르는 일이 많다. 그리고 다이어트에 관심을 많아서 자주 굶었다. 그나마 손님이 언제 몰려올지 모르기 때문에 차라리 굶거나 급하게 빵이나 컵라면으로 식사를 때웠다. 그러던 어느 날 미용실에 그녀가 보이지 않았다. 원장은 그녀가 잦은 두통과 현기증으로 체력이 약해져서 그만두었다고 이야기했다.

알고 보니 그녀는 불규칙한 식생활과 원푸드 다이어트로 인해 골연화증이 진행되었다. 아직 25세밖에 되지 않은 나이인데 골연화증이라고 하니 마음이 아팠다. 식사를 자주 거르고 불규칙한 식사를 하게 되면 인체의 균형이 깨지게 된다. 또한 영양소가 고르지 못해 두통으로 이어진다.

우리 몸은 식사 후 6시간 동안 음식을 다시 먹지 않으면 혈당 수치가 낮아진다. 이에 뇌로 충분한 혈당을 보내기 위해 혈류를 더 빠르게 만든다. 뇌혈관이 수축과 이완작용을 할 수 있도록 빠르게 유도하는데 이 때문에 주변 신경이 자극을 받아 두통이 생긴다. 식사량을 급격히 줄이면 몸을 유지하는 데 필요한 칼로리가 부족하게 된다. 그로 인해 체내의 근육과 수분량이 급격히 줄어들어 신체 기능이 떨어진다. 결국 그녀는 극심한 영양실조로 뼈의 건강까지 잃어버린 것이다. 우리 몸은 생명을 유지하기 위해 반드시 섭취해야 할 영양소와 일일 섭취량에 대한 식사 지침이 있다. 몸은 기본적인 대사활동을 하기 위해 필수영양소들이 필요하다. 영양소가 식품을 통해 들어오지 않으면 나이에 상관없이 건강은 무너지게 된다.

세탁소를 운영하는 40대 부부를 만났다. 이 시대에 찾아보기 힘든 자수성가형으로 자녀 셋을 키우며 아름답게 살아가는 부부였다. 월세로 시작한 부부는 10년 만에 집도 장만했다. 그런데 어느 날 안타까운 소식이 들렸다. 부부가 함께 위암이라는 것이었다. 부인은 안 먹고 아끼며 열심히 일만 했던 것이 지나고 보니 후회가 된다며 아직 아이들도 어린데 앞으로 어떻게 살아야 할지 막막하다고 했다.

가족은 많은 시간을 함께 생활하면서 자연스럽게 음식 취향이 비슷해진다. 생활습관도 마찬가지다. 그래서 가족의 생활습관을 자세히 살핀 뒤 문제점을 모두 함께 개선해야 한다.

우리 몸은 언제 음식이 들어올지 모르기 때문에 영양소를 최대한 축적하려고 한다. 저장된 영양분은 에너지로 쓰임받지 못하게 되면 지방의 형태로 저장된다. 대사 기능이 떨어지게 되고 몸속에 노폐물이 쌓이고 대사성질환으로 이어진다. 문제는 끼니를 자주 거르게 되면 하루 중 필요한 에너지를 섭취하기 위해 과식을 하게 된다. 반복적인 과식은 위장에 부담이 되어 결국 위장병을 일으킨다.

또한 불규칙한 식생활은 혈당장애를 일으킨다. 혈당장애는 대사장애로 이어지며 당뇨, 고혈압, 고지혈증과 같은 만성질환으로 이어진다. 건강은 나의 식습관과 생활습관의 결과물이다. '병은 말을 타고 오나 갈 때는 걸어간다'라는 속담처럼 건강은 쉽게 무너지나 회복은 오랜 시간과 노력이 필요하다. 그 이유는 바로 우리의 반복적인 행동으로 굳어진 식습관이 쉽게 교정되지 않기 때문이다. 지금 자신의 식생활 습관을 점검해 보자. 불규칙한 식사가 건강을 해칠 수 있다.

무엇을 먹느냐가
생체나이를 결정한다

"80세에 저세상에서 날 데리러 오거든 아직은 쓸 만해서 못 간다고 전해라. 90세에 저세상에서 날 데리러 오거든 알아서 갈 테니 재촉 말라 전해라. 100세에 저세상에서 날 데리러 오거든 좋은 날 좋은 시에 간다고 전해라."

가수 이애란 씨가 부른 '백세인생'의 가사다. 100세 시대 누구나 건강하게 오래 살고 싶은 것은 모든 사람들의 바람이다. 우리는 건강한 노년, 즉 '웰에이징(well-aging)'과 '웰다잉(well-dying)'을 꿈꾼다.

당신은 '영포티(young 40) 세대'를 아는가? '영포티'란 영원히 청춘이고 싶은 40대 중년을 일컫는 단어로 과거 X세대로 불린 75년생 전후 세대를 말한다. 젊게 사는 요즘 40대를 일컫는 말이다. 이제는 과거와 달리 40대 중년층들이 20~30대 못지않은 젊은 가치관을 가지고 자유롭게 살고 있다. 영포티는 트렌트에 민감하고, 새로운 것에 대한 수용 능력이 빠르다. 그들은 끊임없이 자기관리를 하며 외모 또한 가꾼다. 새로운 방식으로 건강한 노년을 준비하는 세대다.

'인생 육십 평생'이란 말은 옛말이 되었다. 요즘은 '육십 청춘, 구십 환갑'이란 말을 한다. 60대 은퇴 후에도 왕성한 사회활동을 하는 노인들이 늘고 있다. 예전에 60대는 새로운 시작과 도전이 어려운 나이였지만 지금은 평균수명이 길어진 만큼 무엇이든 새롭게 시작할 수 있는 나이인 것이다.

2013년 통계청에서 한국인 평균수명을 비교해 발표했다. 그 결과 1970년보다 현재 20년 정도 수명이 더 늘어났다. OECD 국가 중 우리나라의 평균수명은 남자 78.5세, 여자 85.1세로 가장 높았다. 평균수명이 길어진 만큼 젊고 건강하게 살고 싶은 욕구는 적차 늘고 있다.

주변을 살펴보면 중년이 넘어서도 치아교정과 시력교정, 피부 관리를 받으며 젊음을 지키려고 하는 사람들이 많다. 그러나 우리의 삶에 발목을 잡고 있는 것은 바로 건강수명이다. 마음은 청춘이나 노화현상이 시작되면서 자연스럽게 발생하는 질병은 막을 수 없다. 40대 이전에는 건강을 유지하기 위해서 운동도 하고 좋은 음식도 먹는다. 그러나 그 이후에는 아프지 않기 위해서 식생활과 생활습관을 교정해야 한다. 누구나 중년이 되면 서서히 몸에 적신호가 나타난다.

2015년 건강보험심사평가원이 최근 5년간 소화계통 질환자의 통계를 내본 결과 환자 10명 중 7명이 40대 이상이었다. 또한 나이가 들수록 골밀도가 감소하여 뼈 부상의 위험도 증가했다. 40대 이후부터 근육 내 밀도가 감소하고 오히려 근육 내 지방 함량이 증가한다. 근육량은 체력 저하로 이어지며 순발력도 감소시킨다. 20대와 비교해 중년에서는 근력, 근지구력, 근육량이 감소되기 때문에 운동을 하더라도 근력의 회복효과가 더디게 나타난다.

고령화 시대를 맞아 사회참여도가 연장이 되었다. 그만큼 기회도 많아졌다. 그러나 건강에 대한 만족도는 현저히 낮은 것이 현실이다. 스스로 건강하지 못하다는 것을 의미하는 것이다. 다시 말해 평균수명이 늘어나는 것에 반해 건강수명은 떨어지고 있는 결과다.

2016년 '한국보건사회연구원'에 따르면 뉴질랜드, 캐나다, 미국, 호주, 아일랜드의 건강수명에 대한 만족도 응답이 80%가 넘지만 한국은 35%에 불과했다. 우리나라의 기대수명(81.3세)과 건강수명(70.7세)의 차이는 약 10년 정도로 OECD 국가 중 최하위인 것으로 나타났다. 현재 우리나라의 평균수명과 건강수명의 격차를 살펴보면 최소 10년 이상 병치레와 싸워야 한다. 그래서 노년의 삶의 질을 높이기 위해서는 무엇보다 건강 관리가 필수인 셈이다. 그러나 중년이 되면 배가 나오고 어깨가 처지기 시작하는 등 체형의 변화가 나타난다. 곧 만성질환의 시작인 것이다. 우리는 한평생 살면서 당뇨병, 고혈압과 같은 만성질환을 앓다가 죽는다. 평균수명을 생각한다면 장수는 문제가 되지 않는다. 그러나 약에 의존하며 생명을 연장하는 삶은 생활이 아닌 생존일 뿐이다.

나의 외할머니는 요양병원에서 생활하고 계신다. 올해 91세로 한국인 평균수명을 훌쩍 뛰어넘는 나이다. 외할머니는 아침식사와 함께 신경안정제를 드시는 것으로 하루를 시작한다. 그리고 매끼마다 혈압약과 당뇨약을 복용하신다. 저녁이 되면 식사 후 수면제가 나온다. 매일매일 반복되는 생활을 하고 있는 것이다. 과연 이 삶이 행복할까?

의사들은 환자의 생명을 연장하기 위해서 최선을 다한다. 의료의 도움으로 생명을 더 연장할 수는 있지만 그것이 환자의 고통을 연장하는 것이라면 수명 연장에 큰 의미가 있을지 생각해 보아야 한다.

'유엔미래보고서'에 의하면 의학과 과학의 발달로 수명 연장이 이루어져 2050년에는 평균수명이 130세를 넘을 것으로 예측했다. 이미 평균수명 100세 시대는 보편화되었다. 100세 시대는 축복일 수도 있고, 재앙일 수도 있다. 축복이냐 재앙이냐를 판가름하는 것이 바로 건강수명이다.

요양병원에서 10년 이상을 누워 지낸다면 건강하게 70세를 살다 간 사람보다 나을 것이 없다. 평균수명과 건강수명의 차이를 줄이는 것이 우리의 과제인 것이다. 그렇다면 건강한 생체나이를 늘리기 위해서 무엇을 어떻게 해야 할까?

무량산 자락 아래 600여 년을 이어져 내려온 구미거북장수 마을이 있다. 예로부터 백일홍 경관이 뛰어나며 선조들이 풍류를 즐겼던 곳이다. 장군목이 인근에 위치하고 있고 섬진강 유역의 주변경관이 뛰어나다. 이 마을에서는 100세까지 건강하게 살기 위한 비법이 전해진다.

첫째, 쾌적한 자연에서 지속적인 소일거리를 갖는다. 일을 함으로써 심리적인 안정을 얻는다.

둘째, 규칙적인 생활을 하며 긍정적인 사고를 갖는다.

셋째, 자연식의 소박한 밥상과 다양한 제철 채소와 과일을 섭취한다.

'이 세상에서 가장 좋은 의사는 식이요법, 안정, 명랑이라는 의사다'라는 명언이 있다. 구미거북장수 마을은 이 세 가지 조건을 다 갖추고 있는 곳이다.

여러 나라 장수 지역에 사는 사람들의 식습관을 살펴보면 공통적인 특징이 있다. 바로 곡물, 콩류, 채소류 등의 식물성 식품을 많이 먹는다는 점이다. 이들은 제철 과일과 채소를 충분히 먹고 남은 채소는 절이거나 말려 보관해 언제든지 먹을 수 있도록 준비한다.

세계적인 투자자 워런 버핏은 왕성한 활동을 하려면 철저한 건강 관리가 중요하다고 이야기한다. 그는 '보험회사 관련 자료들을 들여다보니 6세의 사망률이 가장 낮았다'면서 이때의 아이들은 무엇을 어떻게 먹고 있는가를 연구했고 그 식사 지침에 따라 식사를 하고 있다고 말했다. 세계적인 부자도 자신의 건강을 의학의 기술에만 맡기는 것이 아니라 건강한 식습관을 실천하는 태도를 갖고 있다.

평균 수명보다 더 중요한 것이 건강수명, 즉 생체나이이다. 마음은 청춘이지만 삶을 방해하는 노화현상이 시작되면서 자연스럽게 발생하는 질병은 막을 수 없다. 하지만 건강수명을 위해서 약에 의존하기보다 식생활의 개선이 더욱 중요하다. 우리가 무엇을 먹느냐에 따라 생체나이가 결정되기 때문이다. 자연과 가까워지는 건강한 식생활 습관이 생체나이를 연장시켜 준다.

잘 먹고 있다는
착각에서 벗어나라

"내일까지 채변 봉투 가지고 오세요."

학창시절 채변봉투를 가지고 학교에 가는 일은 연중행사였다. 채변 검사 결과 기생충 약을 복용해야 하는 아이들도 비일비재했다. 또한 잠자리에 들기 전, 엄마 무릎에 누워 참빗으로 새까만 머릿니를 잡았다. 골목길에서는 하얀 연기를 뿜어내는 소독차를 따라 달리며 마냥 즐거워했던 시절이었다. 불과 40년 전에는 비위생적인 생활환경을 비롯해 콜레라, 장티푸스, 천연두, 급성 전염병과 같은 감염성질환이 암보다도 더 무서운 질병이었다.

그러나 지금은 어떠한가? 우리나라는 순환기질환과 퇴행성질환, 암과 같은 장기적인 치료를 요구하는 질병의 구조로 변화했다. 2014

년도 보건복지부가 발표한 '국민건강영양조사' 결과에 의하면 2005년부터 우리나라는 당뇨병과 고콜레스테롤혈증과 같은 순환기질환이 점차 증가했다. 식생활에서 지방의 섭취량이 지속적으로 증가하고 있으며 소금은 여전히 권장량 이상을 섭취하고 있었다. 그러나 칼슘은 71.1%, 비타민 C는 57.1%, 비타민 A는 43.8%, 비타민 B2는 39.4% 수준에 머물러 영양 섭취량이 매우 부족한 것으로 나타났다. 식생활을 평가하는 식생활 평가지수는 100점 만점에 59점으로 높지 않았다. 잘 먹고 잘 살고 있는데도 불구하고 영양 섭취의 비율을 보면 영양소가 부족한 사람들이 의외로 많다. 식품 소비 유형이 바뀌면서 탄수화물, 지방, 단백질과 같은 열량 영양소의 섭취량이 증가하고 비타민, 미네랄과 같은 조절영양소의 부족으로 영양의 균형이 깨지고 있다. 결국 열량 영양소의 지나친 영양 과잉은 비만, 고혈압, 당뇨와 같은 만성질환 환자 수를 늘리고 있다.

우리는 바쁜 아침시간에 아침식사를 거를 수 없고 그렇다고 챙겨 먹을 시간도 없다. 그래서 우유 한 잔으로 끼니를 대신하고 집을 나선다. 심지어 어린이나 노인들도 우유는 꼭 필요한 완전식품이라고 여긴다. 우유가 단순히 단백질과 칼슘을 공급해 준다는 이유로 섭취하는 것이다. 그러나 단백질과 칼슘을 보충할 수 있는 식품들은 다양하다. 더 이상 우유는 건강 식품이 아니다. 오히려 필요 이상의 항생제와 성장촉진제를 맞은 소에서 나온 우유로 인해 아이들은 성

조숙증과 같은 호르몬 불균형 증상이 나타났다. 기본적으로 우유
는 송아지의 성장을 위한 먹을거리다. 현재 우리가 마시는 우유는
더 이상 완전식품이 아닌 기호식품인 것이다.

달걀은 모든 요리의 기본 재료가 되기도 한다. 또한 마땅한 반찬
이 없는 날에는 누구나 쉽게 요리할 수 있다. 그러나 대부분의 양계
장에서는 닭을 죽이지 않고 무사히 산란시키기 위해 항생제를 투여
한다. 그만큼 환경이 좋지 않아 성장촉진제와 산란촉진제, 착색제와
같은 약품으로 대량생산이 된다.

돼지고기, 쇠고기 등도 마찬가지다. 항생제와 성장촉진제로 성장
된 먹을거리가 사람에게 건강한 영양소를 제공하기란 어려운 일일
것이다. 이처럼 흔히 일상식품들을 통해서 영양소를 섭취할 수 있다
고 생각하지만 영양소를 섭취하기보다는 오히려 유해물질의 섭취가
더 높아지고 있는 현실이다.

미국의 유기농학자 오거스투스 더닝은 1950년 사과 1개의 철분
함량이 4.3~4.4mg이었던 반면 1998년에는 0.17~0.18mg으로 나타
났다는 연구 결과를 발표했다. 과거, 사과 1개 분량의 철분을 보충하
기 위해서는 오늘날 약 26개나 되는 사과를 먹어야 한다는 것을 의
미한다. 결국 지금의 사과와 과거의 사과는 영양소가 완전히 다른
것이다. 자연의 힘으로 재배된 유기농 식품과 화학비료와 농약으로
자란 식품은 근본적으로 영양 상태가 다를 수밖에 없다.

　나는 연구실에서 유기재배와 일반재배로 자란 배추의 영양소를 비교평가 실시했다. 유기농 배추가 일반 배추보다 비타민, 항산화 물질 등의 함유량이 2배 이상 높았다. 특히 항산화 작용이 우수한 클로로필의 함유량은 7배 이상 높았다.

　자연 농산물은 좋은 토양과 공기 속에서 햇볕을 받고 자란 것일수록 영양 함유량이 좋다. 식품첨가물과 성장촉진제로 둘러싸인 먹을거리의 환경에서 벗어나기 위해서는 유기농 농산물을 섭취해야 한다. 나는 유기농법으로 재배하는 강원도 화천 토고미 마을을 다녀왔다. 이 마을은 친환경 우렁이농법으로 쌀을 재배하기 시작한 친환경 마을이다. 농민들은 아름다운 자연과 국민의 식탁을 지키겠다는 각오로 유기농 쌀과 고추, 콩, 고구마, 감자 등을 생산하고 있었다. 자연과 인간이 함께하는 유기농 마을인 것이다. 친환경농산물과 유기농산물을 소비하는 것은 땅을 살리는 작업이다. 땅이 살아야 사람도 건강하게 살 수 있다는 사실을 깨달아야 한다.

　하버드대학교 월렛 교수는 변화하는 시대에 발맞추어 다음과 같은 새로운 '식품 가이드라인'을 제시했다.

첫째, 정제된 곡류의 탄수화물을 전곡의 탄수화물로 대체하기
둘째, 포화지방과 트랜스지방을 불포화지방으로 대체하기
셋째, 단백질은 붉은 육류가 아닌 견과류나 콩류, 닭고기 등에서

섭취하기

　넷째, 야채와 과일은 하루 5회 이상 먹기

　다섯째, 칼슘과 같은 미네랄은 식사와는 별개로 따로 보충하기

　정제되지 않은 곡류와 지방을 섭취해야 한다. 흰쌀과 흰빵 등 정제된 곡류는 적게 섭취하고 통밀 빵과 같은 도정하지 않은 통곡식을 먹어야 한다. 정제된 곡류는 빨리 소화되고, 인슐린의 급상승과 급하강으로 공복감을 빨리 느끼게 만든다. 즉 '부적절한 탄수화물'이다. 그러나 통곡식은 섭취할수록 당뇨병이나 심장병을 예방하는 효과가 있고, 장기적으로 건강에 이롭다.

　월렛 교수는 "붉은 육류도 콩이나 우유, 생선처럼 단백질 식품이긴 하지만 포화지방과 콜레스테롤이 들어 있어 좋은 단백질 식품이 아닌 반면, 생선은 우리 몸에 필요한 불포화지방을 공급한다. 콩류와 견과류는 다양한 만성질환을 예방하는 데 도움을 주는 생리활성물질까지 공급해 주기 때문에 이롭다."라고 설명한다. 미네랄을 따로 보충해야 하는 이유는 실질적으로 섭취하는 영양소가 부족하기 때문이다. 심각한 환경오염과 화학약품, 수입식품 증가로 자연의 힘이 아닌 각종 약물로 식품 속 영양소가 파괴되고 있다. 결국 우리는 시대가 바뀌면서 잘 먹고 있는 것 같으나 식품을 통하여 들어오는 완전한 영양 섭취가 점점 더 어려워졌다. 영양소가 제대로 들어오지 못하는 식품들의 섭취가 우리의 건강을 빼앗아 간다. 식품이 가지

고 있는 칼로리는 넘치지만 정작 몸에 필요한 영양소들의 부족으로 인해 몸의 항상성이 무너진다. 곧 만성질환으로 건강을 잃어버리게 되는 것이다. 과거에는 쌀밥이 귀했기 때문에 채소와 과일은 천대받았다. 그러나 지금은 누구나 흰쌀밥과 고기를 넘치도록 먹는다. 오히려 너무 잘 먹어서 각종 성인병에 시달리고 있다. 지금은 잡곡과 채소가 성인병을 막아 주는 필수식품이 되었다.

우리는 무엇이든지 잘 먹어야 건강하다고 생각한다. 그러나 잘 먹는데도 항상 피곤하다. 건강에 도움이 된다고 생각해서 먹은 음식이 오히려 몸에 부담을 주기 때문이다. 예전엔 기력을 보충하는 음식이 몸에 좋은 음식이었지만 지금은 몸을 건강하게 유지시켜 주는 음식이 좋은 음식이다.

영양과잉의 시대에 '잘 먹는다'라는 말은 음식을 선별하여 잘 먹어야 한다는 의미다. 건강에 도움이 되는 음식은 음식의 양에 있지 않고, 질적인 부분에 있음을 기억하자.

세 살 밥상머리 전쟁
여든까지 간다

5살 남자아이를 키우는 32세 수빈 엄마는 고민이 많다.

"날마다 식사시간만 되면 밥상머리 전쟁이에요. 식탁 위에 밥과 반찬을 차려 놓으면 무조건 고기만 먹어요. 다른 반찬은 손도 대지 않고 고기만 다 먹으면 숟가락을 놓아요. 골고루 먹어야 하는데 편식도 너무 심하고 먹는 식사량도 적어서 걱정이에요."

세상의 모든 아이들이 알아서 잘 먹으면 좋으련만 현실은 그렇지 못하다. 수빈 엄마의 고민은 대한민국 엄마들의 고민이다. 식사시간만 되면 아이들과 밥상머리 전쟁이 시작되는 것이다.

나는 사람들이 건강한 삶을 살 수 있도록 돕는 생식 전문가이고, 연구가이지만 사실 부끄럽게도 우리 아이의 밥상머리 앞에서는 어쩔 수 없이 쩔쩔매는 엄마다. 우리 집 큰아이는 먹는 일에 별로 관심이 없다. 아이가 먹는 모습만 봐도 부모는 배가 부른 법인데 도저히 밥을 먹지 않으니 내 속은 타들어 간다. 식사시간만 돌아오면 온갖 설득 작전을 동원해 달래보기도 하지만 한바탕 전쟁을 치른 뒤에야 먹기 시작한다. 한 숟가락이라도 더 먹이기 위해 밥 속에 보이지 않게 야채를 숨겨 놓기도 하고 뛰어 노는 아이를 쫓아다니며 사정하기도 한다. 아이는 할 수 없이 밥을 입에 넣긴 하지만 입 안에 한가득 물고 삼키지 않는다. 심지어 입 안의 음식물을 넘기지 않고 잠이 들기도 한다. 아이는 내게 먹고 싶지 않다는 신호를 보내지만 그 신호를 받아 줄 마음의 준비가 되어 있지 않다. 이런 상황이 벌어지면 나는 비장의 카드를 꺼낸다. 바로 햄과 소시지 반찬이다. 이것들만 있으면 밥 한 그릇은 어느새 뚝딱 사라진다.

나는 아이를 계속 지켜봐 줄 수 없는 워킹 맘이기 때문에 무조건 빨리 먹으라고 재촉한다. 생각해 보면 결국 아이의 편식은 내가 만들고 있는 셈이었다. 매일 야채는 먹지 않고 고기 위주의 식사가 습관이 되어 버렸다. 큰아이는 서서히 볼살이 오르면서 살이 찌기 시작했다. 할머니, 할아버지도 마른 것보다 통통한 것이 보기 좋다며 좋아하셨다. 그러던 어느 날 샤워 중 아이의 가슴에서 봉긋하게 몽우리가 올라와 있는 것이 보였다. 보통 초등학교 3학년 이후에 나타나야 하는 2차 성징이 유치원을 갓 졸업한 아이에게서 나타난 것이다. 바로 성조숙증이었다. 고기를 좋아하고 편식이 심하던 큰아이에게 적신호가 나타났다.

'성조숙증'이란 일반적으로 여자아이 8세 미만, 남자아이 9세 미만에 2차 성징이 발생하는 경우를 말한다. 주로 가슴 몽우리, 음모 발달, 초경, 변성, 피지 증가 등의 증상이 나타난다. 문제는 성조숙증이 발생하면 또래 아이들에 비해 성장은 빠르지만 성장판이 빨리 닫히게 된다. 그로 인해 키가 자랄 수 있는 시간이 짧아져 키가 친구들보다 작을 수 있다. 고기를 좋아하는 큰아이는 살이 찌면서 몸속 지방량이 늘어났다. 지방은 랩틴을 증가시키면서 성호르몬의 분비를 촉진시킨다. 바로 2차 성징을 앞당겨 성조숙증을 유도하게 되는 것이다.

2014년 '건강보험심사평가원' 자료에 따르면 성조숙증으로 진료를 받은 아이들이 지난 2006년에 비해 약 11배나 증가한 것으로 나타났다. 과거에는 영양 부족인 아이들이 많았지만 요즘은 영양과잉 시대라고 할 수 있을 정도로 너무 많은 열량의 음식을 먹어 문제가 발생한다. 아이들의 경우 운동량은 적어진 반면 인스턴트 식품과 탄산음료 등의 고열량 음식의 섭취량이 늘어나 비만이 되는 경우가 많다. 결국 아이들의 비만은 성장호르몬의 분비 기간을 단축시키고, 성호르몬의 분비를 촉진시켜 성조숙증이 나타난다.

나는 쉽게 만들 수 있는 음식을 주로 아이에게 주고, 아이가 먹지 않으면 싫어하는 음식이라고 생각하며 주지 않았다. 그러나 아이가 한두 번 먹지 않는다고 해서 그 음식을 싫어한다고 단정 지어 버리면 아이의 편식을 더 조장하게 된다.

나는 큰아이의 식습관을 바꾸기 위해 먹지 않는 음식들은 얼마 동안 간격을 두었다가 다시 시도했다. 그리고 조리법을 바꾸어 다르게 먹였다. 편식이 심한 큰아이에게 배가 고플 때는 좋아하는 음식과 싫어하는 음식도 함께 주어서 조금씩 먹도록 유도했다.

나는 실행착오를 겪으며 조금씩 아이와의 밥상머리 전쟁을 해결해 나갔다. 성조숙증의 예방을 위해서는 균형 잡힌 식습관을 형성하는 것이 중요하다. 성조숙증은 비만과 관련이 있으므로 음식을 과다하게 섭취하지 않도록 하고 기름기가 많은 음식은 최대한 피해야 한다. 식사는 되도록 천천히 할 수 있도록 교정하는 것도 중요하다.

2016년 2월 조선일보에 '가정에서 안 가르친 밥상머리예절 직장 상사가 나섰다'라는 기사가 실렸다. 회사원들이 가정에서 시작되어야 할 식사예절을 배우지 못해 사회생활에서도 장애가 된다는 내용이었다. 가정교육을 통해 자연스럽게 익힐 수 있었던 밥상머리예절을 지금은 20~30대 초반 신세대 직원들이 모르고 있을 만큼 심각한 상황이라고 지적했다.

요즘 부부들은 맞벌이 세대다. 그래서 온 가족이 한자리에 모여

식사를 하는 것이 쉬운 일이 아니다. 현대인들은 아침밥을 먹지 않고 점심식사는 가정이 아닌 학교나 직장에서 먹게 된다. 또한 귀가 시간도 저마다 달라 혼자 밥을 먹어야 할 때가 많다. 이제는 예전처럼 온 가족이 큰 밥상에 둘러앉아 함께 식사하던 모습을 기대하기 어렵게 되었다. 학교에서는 학생들에게 밤늦게까지 자율학습을 시키거나, 부모는 아이를 학원으로 내몬다. 이런 현상들이 더욱 가족이 함께 모일 수 없게 만든 원인일 것이다.

교육부는 '2015년 학생 건강검사 표본분석'에서 10대의 고도비만이 10년 전보다 2배 이상 늘었다고 지적했다. 아침식사를 거르는 비율도 갈수록 늘어나는 등 식습관은 점점 더 나빠지고 있었다. 일주일에 한 번 이상 햄버거와 피자 등 패스트푸드를 먹는 비율은 초등학생 62.9%, 중학생 74.9%, 고등학생 76.6%로 전년도 61.4%, 72.1%, 74.3%보다 모두 증가했다. 반대로 채소를 매일 섭취하는 비율은 초등학생 31.9%, 중학생 27.9%, 고등학생 24.0%로 학년이 올라갈수록 줄어드는 것으로 나타났다. 세 살 버릇 여든까지 간다는 속담처럼 어린 시절 형성된 생활습관은 성인이 되어도 크게 바뀌지 않는다.

내가 만난 35세 E 씨는 중소기업에서 일한다. 저녁으로 햄이나 소시지, 참치 통조림 같은 것을 먹어야 만족하는 식습관을 가지고 있었다. 육류 위주의 식습관이 건강에 좋지 않음을 알고 있으면서도

어려서부터 익숙해진 식습관을 고치기는 무척 힘들었다. 그리고 주
말에는 피곤하다는 이유로 라면이나 피자를 먹으며 끼니를 해결했
다. 아직은 젊은 나이여서 건강이 크게 걱정은 되지 않았지만 점점
걱정이 되는 건 사실이었다.

'될성부른 나무는 떡잎부터 알아본다'는 속담이 있다. 즉 좋은
결과가 기대되는 일은 처음부터 잘된다는 뜻이다. 그러나 지금은
'될성부를 나무 떡잎부터 바꿔주어야 한다'라는 말이 생길 정도다.
부모는 자녀의 떡잎부터 바꾸어 주어야 한다는 말이다.

건강한 먹을거리와 식사예절을 가르쳐 올바른 식생활 습관을 형
성시켜야 한다. 부모가 어떻게 지도하느냐에 따라 자녀가 먹는 음식
의 종류와 질도 달라진다. 부모의 밥상머리 교육은 자녀에게 물려줄
수 있는 최고의 유산이다.

성인병은
생활습관병이다

나는 잦은 출장으로 항상 대중교통과 초재기 싸움을 한다. 그러다 보니 일정시간에 식사를 하는 것은 바쁜 일정을 방해하는 요소로 생각이 될 때가 많다. 기차 출발시간에 맞추어 샌드위치와 삼각김밥, 음료수를 급하게 산다. 그리고 이것들로 아침 겸 점심을 5분 만에 해결한다. 공복에 갑자기 차오른 배는 곧 식곤증을 부르기 마련이다. 소화도 되기 전에 잠이 든다. 이런 일이 자주 벌어진다. 하루 일과를 마치는 저녁이 되면 온몸이 풍선처럼 부어 있다. 이런 생활로 나의 몸은 편할 날이 없다.

'생활습관병'이란 반복적인 행동으로 만들어진 질병이다. 결국

‘만성질환’이란 서서히 생활습관으로 굳어지면서 스스로 키워 온 질병이다. 생활습관병의 가장 대표적인 것은 퇴행성질환이다. 오늘날 한 가구당 자동차 한 대는 기본이다. 자동차는 이제 선택사항이 아니라 생활필수품이 되었다. 이로 인해 걷는 일도 많이 줄어들었다. 그러나 이러한 편리함은 때로는 사람을 무기력하게 만든다.

나는 운전을 하기 전에는 구두굽이 닳을 정도로 많이 걸어 다녔다. 일 년에 3번 이상씩 구두 굽을 바꿔야 했다. 그러나 지금은 1년이 지나도 구두 굽이 상하지 않는다. 그만큼 자동차에 의존하기 때문이다. 마트를 갈 때도 짧은 거리지만 항상 운전을 하고 간다. 운전을 하면서 편리함을 얻었지만 관절들이 퇴화하고 있음을 느낀다. 당연히 잘 사용하지 않으면 퇴화하기 마련이다. 이것이 바로 생활습관이 부르는 질병이다. 성인이 되면서 생기는 병이라고 해서 ‘성인병’이라 부른다. 그러나 정확하게 언급하자면 잘못된 생활습관으로 찾아오는 병이다. 생활습관이 잘못되어서 찾아오는 질병이라면 생활습관 교정으로도 충분히 예방이 가능하다. 예를 들어 당뇨나 뇌졸중, 암과 같은 질환도 잘못된 식습관만 고친다면 예방할 수 있다. 적당한 운동과 충분한 휴식, 수면을 취하고, 지나친 음주나 흡연을 끊고 스트레스를 조절할 때 행복하고 건강한 생활을 누릴 수 있다.

현대인들의 눈은 쉴 틈이 없다. 스마트폰, 모니터를 이용한 업무가 많다. 사회생활뿐만 아니라 여가활동을 즐길 때에도 눈은 쉬지 못해 시리거나 이물감이 느껴진다. 눈에 눈곱이 낀 것처럼 시야가 뿌옇게 변한다. 시야에 부유물이 떠다니거나 멀리 있는 것과 가까이 있는 것을 교대로 볼 때 초점의 전환이 늦어진다. 가까운 것을 볼 때보다 멀리 있는 것을 볼 때 눈이 더 편안함을 느낀다.

요즘은 집중해서 무언가를 볼 때 눈이 피로해지면서 심하면 두통까지 오는 사람들이 많다. 눈의 피로가 경미한 증상일수록 휴식을 취하면 증상이 가라앉는 것처럼 보인다. 눈의 피로는 특별히 질환으로 나타나지 않지만 이를 방치할 경우 만성적인 전신 피로로 이어지게 된다. 또한 일상생활을 방해할 정도의 영향을 미치고 백내장, 녹내장과 같은 노안현상이 빨리 찾아올 수 있다.

눈에 피로가 쌓여 있음을 의심할 수 있는 증상으로는 여러 가지가 있다. 특히 눈의 긴장이 지속되면 시력이 떨어지고 뒷목이 뻐근하며 머리가 무거워진다. 그리고 잘 보이던 것들이 갑자기 흐릿하게 보이기 시작한다. 컴퓨터와 스마트폰으로 인해 누구나 나타날 수 있는 현상이라고 대수롭지 않게 여기면 안 된다. 누구도 눈 건강에 대해 자신할 수 없음을 알아야 한다.

생활습관병의 가장 큰 주범은 바로 식생활이다. 2014년 '국민건강영양조사'에 따르면 우리나라 성인 30세 이후 2명 중 1명은 비만, 고혈압, 당뇨, 고콜레스테롤혈증 중 한 가지 이상을 앓고 있다고 발표했다. 그 이유는 육식 위주의 고지방, 고단백, 고탄수화물의 열량 영양소 섭취가 과잉되었기 때문이다. 반면 비타민과 미네랄 같은 조절영양소의 섭취는 상대적으로 부족하다. 또한 사회생활에서 오는 스트레스와 운동 부족, 환경오염 등이 복합적으로 어우러져 발생한다. 심지어 음주문화와 흡연 습관들이 생활습관으로 이어져 성인병 진행을 더욱 가속화한다. 특히 식생활의 변화로 인해서 초등학생들에게 성인병이 나타나기도 한다.

병은 처음에는 별 증상이 없이 나타나다가 점점 심해지게 된다. 증세 또한 다양해지며 그에 따른 여러 가지 합병증이 나타난다. 성인병에 속하는 고혈압, 당뇨, 동맥경화, 비만, 고지혈증으로 인해 합병증이 나타나는 경우에는 중풍, 심장병, 간장병, 암으로 진행되어 생명에 치명적인 영향을 준다.

잘못된 식습관으로 인해 독소가 축적되기 시작해 지방 형태로 저장되어 비만으로 이어진다. 비만은 염증 진행을 더 악화하여 만성염증으로 진행시킨다. 만성염증은 만성피로와 어깨결림 그리고 부종과 변비로 시작된다. 하지만 시간이 지나면 고혈압, 당뇨, 아토피, 치매, 암에 이르게 된다. 따라서 우리는 약에 의존하지 말고 잘못된 식생활 습관부터 바꿔야 한다.

L 씨는 35세로 네일숍 매니저다. 그녀는 아침부터 늦은 저녁까지 숍에서 손님들의 손톱을 관리해 준다. 그녀는 자신의 일을 마치기 전까지는 커피 외에는 음식을 먹을 시간이 없다. 그래서 저녁식사

시간에는 항상 폭식을 한다. 하루에 나누어 먹어야 할 식사량을 저녁 한 끼에 먹어 버리는 것이다. 9년 동안 매니저로 일하면서 이러한 식생활이 습관이 되어 버렸다. 그녀는 자신의 전문성을 바탕으로 사회적으로 성공한 여성이었지만 고도비만과 고혈압으로 건강 상태는 매우 심각했다.

생활습관을 바꾸지 않은 채 약으로만 건강 문제를 해결하려는 사람들이 있다. 결코 답이 될 수 없다. 누구나 매일 술과 고기를 먹으며 스트레스와 과로가 쌓이게 되면 병이 찾아오는 것은 불 보듯 뻔한 일이다. 아무리 의학기술이 발달했어도 생활습관이 바뀌지 않는다면 질병을 치료할 방법은 없다. 단지 더 나빠지지 않도록 속도만 지연시켜 줄 뿐이다.

생활습관병을 고치기 위해서는 자신부터 달라져야 한다. 몸을 살리는 채식 위주의 건강밥상을 실천하며 식습관을 교정해야 한다. 생활습관병으로 찾아오는 질병의 치료와 예방은 의사가 아니라 자신에게 달려 있다.

신우섭 의학박사는 "고치지 못할 병은 없다. 다만 고치지 못하는 습관이 있을 뿐이다."라고 말했다. 그는 병의 치료는 약에 있는 것이 아니라 바로 건강한 밥상에 있다고 이야기한다. 의사도 질병의 원인을 알면 정확하게 진단할 수 있지만, 그렇지 않은 경우가 훨씬 많다. 그래서 원인을 알 수 없으니 결과 처리가 어려운 것이다.

생각이 행동을 결정하고, 행동이 습관을 낳는다. 생활습관을 바꾸지 않고 약으로만 해결하려고 하면 절대 답이 없다. 생활습관병은 약을 먹고 주사를 맞아서 고칠 수 있는 것이 아니다. 우리 가정의 식탁과 잘못된 식습관을 바꾸어 질병으로 향하는 몸을 바로 잡아줘야 한다. 생활습관을 바꾸면 건강이 보인다.

CHAPTER 2

독이 되는 음식, 약이 되는 음식

질병을 끌어당기는 주범,
폭식

P 씨는 45세로 항상 피곤하다. 오늘 아침도 늦잠을 잤다. 아침식사는 출근길에 편의점에 들러 빵과 우유를 사 먹는 것으로 해결하고 있다. 점심식사는 평소 회사 부근에서 김치찌개에 공깃밥 두 그릇을 먹는다. 후식으로는 커피믹스를 마신다. 그리고 출출해질 때면 과자를 간식으로 먹는다. 밀린 업무를 처리하다 보면 저녁 8시를 넘기기가 다반사다. 이때 집에 들어가서 밥을 먹자니 내키지 않아 회사 동료들과 함께 치킨과 맥주로 식사를 대신한다.

현대인은 항상 바쁘다. 안부를 물으면 "너무 바빠 죽겠어. 정신이 없다."라고 말한다. 그래서 식사를 여유 있게 잘 챙겨 먹기가 어렵다.

일상에 지치다 보면 제대로 된 식사를 하기보다는 가벼운 군것질로 식사를 대신할 때도 많다. 군것질로 식사를 대신할 경우 그 양이 적어서 포만감이 적다. 그러나 열량이 높기 때문에 과식으로 이어 지게 된다. 특히 아침식사를 못했을 경우 굶주린 배를 채우기 위해 허겁지겁 폭식을 하게 된다. 그러나 반복적으로 과식을 하게 될 때 단순 과식이 아닌 폭식이 된다. 언제 다시 끼니가 돌아올지 알 수 없기 때문에 많이 먹어 두는 것이다. 끼니를 거르거나 불규칙적으 로 식사할 경우 폭식으로 이어지는 것을 기억해야 한다.

K 씨는 31세로 호주에서 유학생활을 한 지 3년째다. 그는 혼자 살고 있기 때문에 아침식사는 거의 빵을 먹거나 굶는다. 특히 저녁 에 폭식을 하게 되는데 한국에서의 식문화와 달리 고기를 자주 먹 게 된다. 결국 고열량, 고지방 음식을 섭취하다 보니 무려 13kg 이 상 살이 찌게 되었다. 일반적으로 끼니를 거르게 되면 아침을 거르 는 경우가 많다. 이런 경우 공복 상태가 지나치게 길어져 혈당이 정 상 수치로 유지되기 어렵다. 그리고 불규칙한 식습관으로 기초대사 량이 떨어지기 때문에 비만으로 이어진다.

여행을 좋아하는 사람이라면 폭식이 익숙할 것이다. 여행의 묘미 는 음식이다. 평상시 먹어 보지 못한 새로운 문화와 음식을 만나는 시간들이기 때문이다. 여행은 일상적인 패턴에서 벗어나기 때문에 하루 삼시 세끼를 장담할 수 없다. 그래서 평상시보다 필요 이상으로 더 많은 양을 먹게 된다. 생존본능의 법칙이다. 여행을 다녀오면 어느새 몸이 무거워져 있다. 출장을 다니다 보면 고속도로 휴게소에서 형형색색 아웃도어를 입고 산악회를 가는 어르신들을 자주 만나게 된다. 아직 목적지에 도착하지도 않았는데도 휴게소에서는 이미 만찬이 벌어진다. 삼삼오오 잔디밭에 둘러앉아 찹쌀밥, 돼지수육, 상추, 고추, 잡채 그리고 막걸리로 잔칫상을 벌인다.

폭식의 주범 중 하나는 연회장 뷔페식사다. 우리는 결혼식 또는 돌잔치와 같은 곳에서 주말마다 모임이 있다. 연회장에는 폭식을 유발하는 수많은 메뉴들이 준비되어 있다. 집에서 요리하기 힘든 독특하고 색다른 별미들이 많으며 음식의 종류도 매우 다양하다. 지금 아니면 언제 이런 음식을 먹어보겠느냐는 생각으로 거침없이 접시를 들고 폭식을 시작한다. 생선초밥과 회를 우선 한 접시 담고 새우튀김, 닭꼬치도 담는다. 이미 배는 부르지만 갈비찜과 즉석에서 구워주는 스테이크도 가져온다. 마지막 후식으로 떡과 케이크, 과일을 먹는다. 더 이상 먹지 못할 것 같은데도 그래도 커피 한 잔은 마신다.

잘못된 식습관 중 하나는 배가 부른데도 먹는 것이다. 특히 모임이 있는 날은 아침, 점심식사를 일부러 소홀히 여기고 먹지 않는다. 결국 하루 종일 굶주린 후 폭식을 하게 된다. 요즘 TV를 켜면 맛있게 먹는 요리 프로그램들이 대세다. 특히 밤에 등장하는 '먹방' 프로그램은 최고 인기다. 방송을 보고 있으면 아무리 늦은 시간이어도 입맛이 당긴다. 덩달아 치킨이나 보쌈 등을 시켜 먹고 싶은 유혹이 밀려온다. 폭식을 부르는 달콤한 유혹은 바로 야식이다. 야식을 든든하게 먹고 나면 다음날 아침에는 밥맛이 없어 아예 식사를 거르게 된다. 하루에 필요한 열량의 절반을 섭취하고 소화도 덜 되었으니 아침식사를 거르는 것은 당연하다. 아침은 거르고 점심은 대충 먹다 보니 자연스레 저녁을 많이 먹게 되는 야간 폭식으로 이어진다. 폭식은 악순환의 고리를 끊지 못해 결국 잘못된 식습관과 생활습관으로 이어진다. 그렇다면 폭식이 질병을 부르는 이유는 무엇일까?

첫째, 내 몸에 불필요한 내장지방을 쌓아 비만을 부른다. 아직 소비되지 않은 열량이 남아 있는 상태로 잠자리에 들게 되면 체지방이 축적되어 체중이 증가하게 된다. 특히 야식을 먹으면 수면 호르몬인 멜라토닌이 정상의 절반 정도로 감소한다. 또한 식욕을 억제하는 호르몬인 렙틴의 분비도 저하된다. 그래서 밤에 제대로 숙면을 취하지도 못하고 식욕을 억제하지 못해 계속 먹게 되는 악순환이 이어지게 된다.

둘째, 폭식은 역류성식도염, 위염, 위궤양과 같은 소화기질환을 동반한다. 폭식은 위산이 과도하게 분비되어 위점막에 자극을 준다. 이 때문에 위의 통증과 불쾌감이 생긴다. 특히 신경성 폭식일 경우에는 위장 운동이 무력해지기 때문에 소화기에 무리를 주는 행위다.

셋째, 폭식을 할 때 먹는 음식들이 대부분 고열량, 고지방, 고염분 식품이다. 그래서 대사장애로 이어진다. '대사증후군'이란 몸 안에서 영양분을 분해하고 합성하여 쓰고 남은 노폐물을 몸 밖으로 배출하지 못할 때 생기는 병이다.

2014년 '건강보험심사평가원'이 50세 이후 '대사증후군' 관련 질환에 대해 최근 5년간 결과를 분석했다. 전체 진료 인원 중 80% 이상은 고혈압으로 나타났고, 당뇨병과 고지혈증도 높게 나타났다. 이 결과 고혈압, 지방간, 심혈관질환, 뇌혈관질환과 같은 순환기계질환의 발생 위험이 높아진다. 폭식하는 사람들의 상당수가 대부분 비만이며 체중과 연관이 있는 질환인 심장질환, 고혈압, 제2형 당뇨병을 앓고 있다. 또한 우울증, 불안증, 조울증과 같은 감정적인 정신장애에 시달리게 된다.

우리는 "배고파 죽겠네."라는 말보다 "배불러 죽겠다."라는 말을 습관적으로 더 많이 한다. 이 말처럼 식탐으로 폭식을 하는 경우가 많다. 특히 공복에 폭식을 하게 되면 급격한 허기짐과 포만감의 변화로 저혈당과 고혈당이 반복된다. 이것이 심하면 대사증후군을 일으키게 된다. 음식을 먹을 때는 절제가 필요하다. 음식은 위에서 소화를 한 후 영양소로 흡수된다. 그런데 기준 식사량을 넘어 폭식을 하게 되면 아직 제대로 소화되지 못한 음식들이 오히려 인체에 유해한 물질로 작용하게 된다.

오랫동안 폭식 습관이 이어지면 체내에는 많은 양의 노폐물과 독소들이 쌓인다. 잘못된 식습관으로 인해 몸의 부담은 더욱 증가한다. 결국 영양의 과잉으로 비만, 당뇨, 고혈압, 고지혈증과 같은 대사성질환으로 진행된다. 그래서 자신의 위 용량의 약 80%를 채우는 살짝 배고플 정도로만 먹는 것이 가장 좋다. 폭식은 열량이 높은 음식들을 선호하게 되어 소화가 충분히 되지 않는다. 지나친 폭식은 결국 생활습관병으로 가는 지름길인 셈이다.

자신이 원하는 음식을 모두 먹어가면서 건강하기를 바라는 것은 욕심이다. 나뭇잎과 열매가 건강하게 자라기 위해서는 뿌리부터 관리가 잘 되어야 한다. 뿌리 관리를 제대로 하지 못할 때 잎이 마르고 건강한 열매를 맺지 못하게 되는 것이다. 폭식이라는 질병의 뿌리를 가지게 되면 대사증후군이라는 결실이 찾아온다. 결국 자신의 행위에서 결과물이 찾아오는 것이다. 폭식은 질병으로 가는 자살 행위와 같다. 건강하기 위해서는 규칙적인 식사로 근본적인 건강 관리를 시작해야 한다.

스트레스를
음식으로 해소하지 마라

'오랫동안 준비한 시험에서 떨어졌을 때', '직장상사에게 무시당하는 말을 들었을 때', '생각했던 일이 뜻대로 풀리지 않을 때', '사랑하는 사람에게 이별을 통보받았을 때' 등 마음을 아프게 하는 일들은 수시로 찾아온다. 그리고 치열한 경쟁과 삭막한 일상 속에서 스트레스를 받으며 살아간다. 특히 우리나라 사람에게 많은 '화병'은 더욱 몸과 마음을 상하게 한다.

대중교통을 이용하다 보면 쉽게 볼 수 있는 광경이 누구나 스마트폰에 집중하는 모습이다. 스마트폰의 다양한 어플리케이션을 통해 일도 하고 여가도 즐길 수 있다. 스마트폰이 잠시 손에서 멀어지는 순간 모든 일은 마비가 된다. 회사 업무 처리도 지연될 뿐만 아니라 금융 결제 기능도 마비된다. 하지만 장점이 있는 만큼 단점으로 인한 피해도 심각하다. 잠시도 스마트폰과 떨어지지 않으니 시력이 감퇴하고, 목 디스크로 고통받는 사람들이 해마다 늘고 있는 것이다. 또한 스마트폰이 없으면 심리적으로 불안한 스마트폰증후군 환자도 늘고 있다.

최근 우리나라의 자살률이 OECD 국가 중 1위라는 발표가 있었다. 많은 사람들이 상대적인 빈곤감과 스트레스, 인간관계로 인해 자살을 선택한다. TV 방송 프로그램을 보면 행복해 보이기만 하던 연예인들이 자살하고 싶다며 자신을 비관하기도 한다. 현재 우리나라는 OECD 국가 중에서 행복지수가 가장 낮은 나라다. 세계 경제력 10위 안에 드는 우리나라가 왜 이렇게 행복지수가 낮은 것일까? 바로 부익부 빈익빈의 격차로 인한 상대적인 박탈감이 크기 때문이다.

오늘날 사람들은 물질적인 삶에 대한 관심이 지나친 나머지 사소한 일로 고민하고 끊임없이 명예와 이익을 추구한다. 그래서 항상 마음이 초초하고 우울하다. 결국 삶의 행복지수는 갈수록 줄어든다. 정신적인 자유로움과 삶의 만족도가 떨어지기 때문에 상대적인 빈곤감에 시달리고 자신을 정신적으로 학대하며 더욱 초라하게 만든다.

현대인의 메마른 감정의 허기를 해결하기 위해서 다양한 아이템들이 눈에 띄게 등장했다. 직장인들과 학생들은 컬러링 북을 통해 상처받은 마음을 치유하고, 아버지와 어린아이들은 신나는 게임에 몰입하며 스트레스를 푼다. 또 가사에 지친 엄마는 아로마테라피 마사지와 네일 관리로 지친 기분을 전환한다. 이러한 문화적인 변화는 스트레스를 해소할 수 있는 필수 아이템이 되었다. 그러나 많은 사람들이 스트레스를 해결하는 가장 손쉬운 방법으로 음식을 선택한다. 밥을 먹거나 술을 마시면 당분이 뇌에 들어가 진정작용이 일어나 화가 나거나 우울한 기분이 일시적으로 좋아진다.

영업을 하는 최 실장은 오늘 영업목표를 달성하지 못해 상사에게 자존심 상하는 말을 들었다.

"언제까지 이 회사를 다녀야 할지 고민이에요. 마음속어는 항상 사직서가 준비되어 있어요. 오늘은 완전 머리에서 뚜껑 열리는 날이었어요. 아침부터 일이 꼬이기 시작하더니 설상가상으로 하루 종일 일이 안 풀리더라고요. 저녁에 도저히 스트레스를 참을 수 없어서 매콤한 불낙지와 소주 한잔 했습니다."

우리는 누구나 스트레스를 받으며 살아간다. 그리고 주위 사람들을 보면 "난 스트레스를 받으면 뭐가 먹고 싶어.", "스트레스를 받으면 먹어야 풀려."라고 말한다.

스트레스를 지속적으로 받게 되면 위산이 과다 분비되어 위장에 손상이 온다. 맵거나 짠 음식, 밀가루, 유제품, 커피와 같은 음식은 위에 부담을 주어 오히려 스트레스성 위염 증상만 가중시킨다.

은행원인 26세 박 대리는 서울에서 자취생활을 한 지 3년 차다. 그는 자신의 스트레스를 해소시켜 줄 음식으로 토핑과 치즈가 듬뿍 올라간 피자와 시원한 콜라를 꼽는다. 집에 가서 먹을 것이 없을 때면 자주 피자를 배달시켜 먹는다. 스트레스를 받아 피자를 먹을 때면 혼자서도 한 판은 거뜬히 먹을 수 있다.

누구나 감정적으로 쌓인 스트레스를 해결하고 싶어 한다. 그 방법 중 하나가 먹는 것이다. 스트레스성 과식이 문제가 되는 것은 일회성으로 끝나지 않고 결국은 폭식증으로 이어지는 경우가 많기 때문이다. 특히 스트레스를 받거나 화가 났을 때 등 감정을 다스리지 못할 때일수록 고열량의 음식으로 과식을 하게 된다. 뇌에 포도당이 제공되면 기분은 일시적으로 좋아질 수 있으나 몸에는 과도하게 들어온 열량이 남아 독소로 축적된다. 장기적으로 스트레스를 받아 먹는 음식은 몸에 약이 아니라 독이 될 수 있다.

60대인 J 씨는 첫눈에 봐도 몸이 너무 말라 살이 잘 찌지 않는 체질 같았다. 그런데 그녀는 지난 40여 년 동안 시어머니의 호된 시집살이로 고생을 하며 살았다고 했다. 시어머니와 겸상도 하지 않는 것은 물론이며 심지어 화장실 가는 동안 시어머니와 마주치는 것조차 싫어서 물도 안 마셨다고 했다. 그녀는 시집을 온 뒤로는 어떤 산해진미를 먹어도 살이 안 쪘다고 했다. 그만큼 시어머니에 대한 스트레스가 아주 심각했다. 얼마 전 시어머니가 돌아가시고, 자신이 위암 2기라는 사실을 알게 되었다. 마음의 병이 결국 육체의 병을 키우게 된 것이었다.

생각은 몸과 마음을 지배한다. 그녀의 비관적인 생각이 마음을 힘들게 했을 뿐만 아니라 몸도 망가뜨린 것이다. 몸은 뇌의 작용으로 움직인다. 그것을 '자율신경'이라고 한다. 자율신경은 심장, 폐, 장 등의 내장에 이르러 교감신경과 부교감신경으로 나뉜다. 자율신경의 가장 중요한 기능은 항상성을 유지하는 일이다.

'항상성'이란 외부환경이 변해도 생체 내부의 환경은 일정하게 유지되는 것이다. 체온 조절, 혈액순환, 호흡, 소화·흡수, 배설, 면역, 대사, 내분비 등은 모두 항상성을 유지하기 위한 시스템이다. 이를 조절하는 것이 바로 자율신경이다. 자동차에 비교하자면 교감신경계는 액셀이고 부교감신경계는 브레이크다. 액셀과 브레이크가 중요하듯이 교감신경과 부교감신경 중 더 중요하고 덜 중요한 것은 없다.

신체가 최적의 기능을 유지하기 위해선 교감신경과 부교감신경의 균형 상태가 중요하다. 그러나 과도한 스트레스는 교감신경을 항진시키게 된다. 자율신경계의 절반은 스트레스에 지배를 받게 된다. 스트레스를 받게 되면 일시적으로 항상성이 깨지게 된다. 화가 나면 교감신경이 활성화되어 장기는 활발하게 움직인다. 혈관이 수축하고

혈압은 올라가며 심박수가 증가하는 것이다. 동시에 기관지가 확장되고 호흡하는 횟수도 늘어난다. 간에서는 포도당이 대량으로 생성되어 혈액으로 전달된다. 혈액 안에 영양이 늘어나면 신체에서는 에너지가 생성되며 집중력이 높아지고 힘이 불끈 솟는다. 그러나 소화기관 기능은 저하된다. 지속되는 스트레스 상황에서는 항상성이 깨지며, 정상 상태로의 복구가 불가능하게 된다. 그래서 병적인 상태가 되거나 신체의 에너지가 모두 고갈되어 만성적인 피로 상태에 빠진다.

만약 이유 없이 머리가 아프거나 가슴이 답답하고 한숨이 나온다면 스트레스를 점검해 보아야 한다. 스트레스는 마음의 상처다. 마음의 상처를 회복할 수 있는 단기적인 방법으로 음식을 먹는 것을 선택하지 말아야 한다. 스트레스를 받을수록 자극적인 음식을 원하게 되는데 몸에는 치명적인 결과를 가져 오게 된다. 자신의 무너진 감정을 음식으로 해결하려는 습관을 버려야 한다.

부드러운 음식은 입이 즐겁고
거친 음식은 몸이 즐겁다

TV 프로그램에서 쫀득쫀득한 식감과 붉은 빛깔이 매력적인 한우가 등장했다. 부드럽고 쫄깃한 맛으로 사랑받는 한우가 나의 시선을 사로잡았다. 꽃등심의 고소한 맛에 취한 MC들은 한우 숯불구이 한 접시를 말 그대로 눈 깜짝할 사이에 먹었다.

적당한 마블링으로 눈을 즐겁게 해주고 특유의 고소함으로 입까지 즐겁게 해주는 꽃등심은 남녀노소 모두가 즐겨 먹는 대표적인 음식이다. 기력이 약한 부모님과 과로에 지친 남편, 성장기에 있는 아이들의 체력 보양식으로 빠져서는 안 될 음식이다.

우리 집 냉장고에도 고기가 떨어지지 않는다. 워낙 고기반찬을 좋아하는 아이들을 위해 고기는 '선택'이 아니라 '필수' 식품이 되어 버렸다. "엄마, 고기 있어요?"라며 아이들은 항상 식사 전에 확인한다. 그러나 이러한 음식이 마냥 몸을 즐겁게 해주는 것은 아니다. 얼마 전 아이의 목덜미에서 붉은 열꽃이 피어올랐다. 날씨가 건조하면 그 자리가 더 심하게 퍼졌다. 바로 아토피였다. 아이의 몸에 이상반응이 생기기 시작한 것이다. 곧 나는 식사의 균형이 깨진 것을 발견하게 되었다.

아토피는 염증성 피부질환으로 식품첨가물, 환경오염 물질들이 원인이다. 햄이나 소시지, 통조림 등의 가공식품에는 변색, 변질, 산화를 방지하고 맛과 윤기 등을 내기 위해 식품첨가물과 결착보강제를 넣는다. 단백질은 체내에서 분해되면서 아민이라는 물질을 만들게 된다. 아민이 가공육이나 어육연제품에 발색제로 첨가되는 아질산염을 만나게 되면 니트로사민과 같은 발암물질이 생성되어 면역질환을 일으킨다.

현대인들은 하루도 빠짐없이 육식을 한다. 적어도 하루 세끼 중에 한 끼 이상은 고기반찬이 있다. 그리고 심한 날은 하루 종일 고기만 먹는 날도 있다. 소와 돼지 그리고 닭과 같은 동물들은 값싼 옥수수 사료를 먹여 대량으로 사육된다. 이 동물들은 유전자 조작이 된 옥수수 사료를 먹으며 도살당하는 순간까지 상상할 수도 없을 만큼의 스트레스를 받는다. 그리고 우리에게 아주 예쁘게 포장되어 돌아온다.

연탄불로 집안을 따뜻하게 했던 때를 떠올려 보자. 연탄불이 꺼지지 않게 불을 붙이는 것도 기술이었다. 연탄불이 꺼지면 번개탄을 이용해서 다시 불을 붙여야 한다. 연탄불을 붙일 때는 게일 바닥에 연탄재를 넣고 중간에 활활 타오르는 번개탄을 넣는다. 그리고 맨 위에 검은 연탄을 올린다. 그러면 검은 연탄이 번개탄의 열을 전도받아 열 순환이 되어 타오르게 된다. 우리가 섭취하는 영양소의 작용도 이와 같은 원리다.

우리 몸은 탄수화물, 지방, 단백질과 같은 열량 영양소와 미네랄, 비타민과 같은 조절 영양소가 필요하다. 열량 영양소는 '타는 영양소'라고 부르며 조절 영양소를 '태우는 영양소'라고 부른다. 타는 영양소(검은 연탄)가 잘 타기 위해서는 태우는 영양소(번개탄)가 잘 태워주어야 한다. 태우는 영양소가 부족하면 타는 영양소인 열량 영양소가 잘 타지 못한다. 그리고 남은 찌꺼기, 노폐물을 비우는 영양소(연탄재)가 식이섬유다.

열량 영양소인 탄수화물을 태우지 못하면 포도당이 혈액 속에 다량 남게 된다. 이것이 쌓이면 비만이 되는 것이다. 비만은 영양의 불균형에서 온다. 결국 우리는 타는 영양소와 태우는 영양소, 비우는 영양소의 균형이 깨진 식사를 하고 있는 것이다. 영양의 균형을 조금만이라도 신경 쓴다면 건강의 균형도 되찾을 수 있다. 그러나 입이 즐거운 음식으로만 식습관이 길들여지면 감당할 수 없는 결과를 초래할 수 있다.

최근 '세계보건기구'에서 가공육과 적색육의 섭취에 따른 암 발생 위험을 발표하면서 식품 섭취량에 더욱 관심이 집중되었다. 여성 1인당 일일 육류 소비량과 결장암의 발생률과의 상관관계에 대해 23개국을 대상으로 역학조사를 했다. 육류 소비량과 결장암의 발생률은 정비례하여 증가하고 있는 것이 관찰되었다. 특히 육류 섭취량이 높은 국가일수록 결장암 발생률이 올라갔다.

'부드러운 음식'이란 질감이 부드럽다는 것만 의미하는 것은 아니다. 정제가 많이 된 음식도 부드러운 음식이다. 지난 40년간 우리나라는 생활수준이 높아지면서 정미된 곡식을 위주로 하는 식습관을 갖게 되었다.

흰쌀밥과 흰 밀가루는 우리에게 이미 익숙한 음식이다. 흰쌀은 도정이 되면서 쌀의 외피에 포함되어 있는 유익한 영양소들이 손실된다. 어떤 음식이든 통째로 먹었을 때 완전한 영양소를 섭취할 수 있다. 정제가 많이 될수록 비만의 원인이며 건강을 해치는 주범이다. 대표적인 정제된 식품으로는 '흰쌀, 흰 설탕, 흰 밀가루, 흰 소금, 흰 조미료'가 있다. 이것들을 일컬어 '5백 식품'이라고 한다.

5백 식품은 비타민과 미네랄(태우는 영양소), 식이섬유(비우는 영양소)가 부족하다. 그래서 소화 흡수율이 빨라 혈당량을 올리는 원인이 된다. 혈당이 높아지면 췌장은 인슐린을 빠른 시간 내에 만들어야 하기 때문에 무리를 한다. 과잉으로 들어오는 칼로리는 세포들이 사용하지 못해 대부분이 지방으로 전환된다. 그 과정에서 다량의 비타민과 미네랄이 필요해진다. 음식에 포함된 비타민과 미네랄이 부족하면 몸에 과부하가 걸려 질병으로 이어지기 쉽다.

서구식 음식문화가 들어오면서부터 곡식은 씨눈과 식이섬유 모두 깎아내 버린 정백식품으로 변했다. 굽고 튀기는 육류식품 위주로 식단이 바뀐 탓에 당뇨나 고혈압 같은 대사성질환이 급증하게 되었다. 식품 속에 들어 있는 식이섬유는(비우는 영양소) 췌장에서 분비되는 인슐린의 분비 속도를 조절한다. 그래서 식이섬유가 들어 있는 천연식품들은 췌장에 무리를 주지 않는다. 그러나 식이섬유가 없어서 소화 시간이 빠른 정백식품은 혈중의 포도당 농도를 급격히 상승시킨다. 이 포도당을 에너지로 바꾸기 위해서는 인슐린이 짧은 시간에 대량으로 분비되어야 하기 때문에 췌장은 자연히 무리한 활동으로 쇠약해질 수밖에 없다. 자연에 가까운 음식을 섭취하야 건강을 지키고 병을 줄일 수 있다. 통곡식류, 채소류, 버섯류, 해조류와 과일류를 골고루 먹는 것이 올바른 식사 방법이다.

부드러운 음식은 질감이 부드러운 음식뿐만 아니라 가공한 음식을 의미한다. 거친 음식이란 최대한 자연에 가까운 음식을 말한다. 부드러운 음식을 과도하게 선호하면 영양의 균형이 쉽게 깨지게 된다.

'부드러운 음식'이란 비타민과 미네랄(태워주는 영양소), 식이섬유(비워주는 영양소)가 부족하다는 의미다. 그로 인해 몸에 항상성이 무너지고 성인병의 원인이 된다.

　부드러운 음식은 병을 부르고 거친 음식은 건강을 부른다. 부드러운 음식을 멀리하면 거친 음식을 먹을 수 있다. 내 몸이 즐거워하는 거친 음식을 지금 당장 먹어 보자.

몸속의 장독을 채우는 음식,
비우는 음식

우리는 흔히 약국이나 병원 앞을 지날 때 때 '속 시원하게 장 청소 해드립니다' 혹은 '숙변 제거 3일 만에 탈출'과 같은 글을 보게 된다. 평상시 변비가 심하거나 아랫배가 많이 나오고, 몸이 무겁다고 느껴지는 사람들이라면 이 문구가 예사로 보이지 않을 것이다.

변비가 심한 28세 여성 P 씨는 화장실 가는 게 여간 스트레스가 아니다. 화장실을 다녀와도 시원한 느낌이 없고 4일 이상 가지 못할 때도 있기 때문이다. 그녀는 아랫배가 항상 불룩하고 결혼도 아직 안 했는데 꼭 아이를 가진 배처럼 보인다. 만성변비로 고생하는 그녀는 약물치료부터 식이요법까지 안 해 본 것이 없었다. 그녀는 얼굴부터 트러블로 심각했고 표정도 밝지 않았다. '피부는 오장육부의 거울'이라는 말처럼 장 건강이 피부로 그대로 나타났다. 그녀는 숙변이 심하며 장내 독소가 점차 쌓여 피부의 염증도 악화되었다.

고요한 새벽시간 가장 바쁘게 일하고 있는 사람들이 있다. 바로 환경미화원 분들이다. 전날 막무가내로 버려진 쓰레기를 깨끗하게 회수해서 늘 상쾌한 도시의 모습으로 새 단장을 시켜주신다. 만약에 쓰레기가 처리되지 않아 여기저기 쌓여 있다면 각종 악취는 물론이며 불쾌감으로 미간을 찡그리게 될 것이다. 새벽녘에 묵묵히 일을 해주는 그분들이 있기 때문에 건강한 도시의 아침을 맞이할 수 있다.

우리의 몸도 이와 같다. 장 속의 노폐물을 비우기에 황금 시간대가 있는 것이다. 바로 오전 5시부터 7시가 하루 중 장이 가장 활발하게 움직이는 때다. 이 시간에 장은 몸속 노폐물을 비우라는 신호를 보낸다. 그런데 장에서 보내는 신호를 무시하게 되면 하루 종일 몸도 무겁고, 입맛도 없고, 기분도 우울하다. P 씨와 같이 배변 습관이 불규칙적이라면 건강에 심각한 문제로 이어지게 된다.

매일 섭취하는 음식들은 소화흡수 과정을 마치면 노폐물로 전환된다. 이런 노폐물은 완전히 배출되지 않고 장내에 쌓여 숙변이 된다. 숙변은 장내에 붙어 있어 여러 가지 병원균이 서식하는 온상지가 되고 가스와 독소를 발생시킨다. 이러한 독소들이 혈액을 통해 몸의 각 기관으로 가게 되면 여러 가지 질병을 유발하게 된다. 특히 장속에 있는 숙변은 만병의 근원이기도 하고 만성 두통을 일으킨다. 또한 혈액이 탁해져 각종 신진대사가 원활하지 못하게 되어 성인병의 원인이 된다. 장은 제2의 뇌다. 장이 맑으면 정신이 또렷해지고 기분도 좋아진다.

얼마 전 식이요법을 상담한 20세 S군은 수능을 마치고 만족스럽지 못한 결과로 재수를 결심했다. S군은 평소 긴장하면 배가 아프고 화장실에 가고 싶은 경우가 많았다. 그런데 수능을 볼 때 갑자기 배가 아프고 금방이라도 설사가 나올 것 같아 결국 시험을 망쳤다. 재수를 선택한 S군은 대장염으로 고생하고 있었다. 이같이 이유 없이 속이 더부룩하고 배에 가스가 차는 소화기계통의 이상 증서를 가지고 있는 사람이 많다. 변비 환자는 갈수록 늘어나고 신경만 쓰면 배가 살살 아픈 대장염 환자도 증가하는 추세다.

2015년 4월 30일 '연합뉴스'의 보도에 따르면 우리나라의 대장암 발병률은 세계 1위다. 대장암으로 이어질 수 있는 선종성용종 환자도 빠르게 늘고 있다.

'국민건강보험공단'의 자료에 의하면 선종성용종 환자는 2008년 6만 7,742명에서 2013년에는 12만 9,995명으로 약 2배 증가했다. 대장암이 급증하는 이유로는 육식과 가공육, 비만, 음주와 같은 서구화된 식습관을 꼽을 수 있다.

생채식을 기반으로 식생활을 하던 한국인은 육식을 잘 소화하지 못한다. 특히 과거 육체노동이 주를 이루던 것과 달리 현대에는 앉아서 하는 일들이 발달하면서 활동량의 부족과 불규칙한 식생활들이 문제로 나타났다. 이러한 불규칙한 식생활은 장내 유해균을 증가시켜 변비에서 각종 암까지 치명적인 결과를 가져오게 된다. 요즘은 장에 구멍이 나서 독소와 병원균들이 몸속 깊숙이 침투하여 생기는 장누수증후군이 심각한 문제로 대두되었다.

우리 몸의 소화기관은 섭취한 음식물을 소화시켜 장에서 영양 성분은 흡수하고 병원균이나 독소들은 항문으로 배출한다. 장점막의 융모를 통해 작은 단위로 소화된 영양 성분은 흡수되고, 세균이나 독소들은 분자량이 크기 때문에 융모를 통해서 흡수되지 않는다. 이러한 기능이 완전히 작동해야 건강을 유지할 수 있다. 그런데 장의 점막세포 사이를 연결하는 치밀결합이 파괴되어 구멍이 나면 분자량이 큰 영양 성분들과 세균 및 독소들이 장점막 안쪽으로 새어 들어가게 된다. 이 현상을 장누수증후군이라고 한다.

장이 안 좋은 사람은 반드시 식이 조절이 필요하다. 흰 밀가루, 유제품, 단 음식 등은 소화 과정에서 제대로 분해되지 않고 장의 연동운동을 억제할 뿐만 아니라 장 속 나쁜 균의 먹이가 돼서 장 건강을 더욱 악화시킨다. 이러한 경우 장은 예민하게 반응하고 변비, 설사, 복통 등의 증상이 자주 나타나게 된다. 장은 전신 면역의

80%를 담당하는 중요한 장기다. 따라서 장에 문제가 생기면 인체의 면역 기능에도 이상이 생긴다. 장내에는 유해균과 유익균이 존재함으로써 이 두 세균이 균형을 이루어야 정상적인 기능을 하게 된다. 하지만 인스턴트 식품과 같은 것을 자주 섭취하게 되면 장의 기능이 저하된다. 이러한 악순환 때문에 장누수증후군이 생기고 비타민, 미네랄 흡수에 도움을 주는 단백질이 파괴되어 결국 미세 영양소의 결핍으로 이어진다.

'장질환'이란 복통 혹은 복부 불쾌감, 배변 후 증상 완화, 배변 빈도 및 대변 형태 변화 등의 증상들이 만성적으로 반복되는 질환이다. 염증성장질환은 배변 횟수가 늘고 대변이 묽어지기도 하고, 경련성 복통, 복부 팽만감, 가스 배출 등이 자주 나타난다.

장질환을 예방하기 위해서는 유익균의 수를 늘려 장내 환경을 안정화시켜야 한다. 몸은 유기적인 조직이라 증상에만 초점을 맞추면 안 된다. 식물성 원료를 오랫동안 숙성시키면 발효액이나 발효물이 된다. 그러나 동물성 식품을 오랫동안 저장하게 되면 부패된다. 따라서 고기가 소화되지 않고 몸 안에 오랫동안 머무를수록 부패하여 피를 오염시킨다.

인간의 위에서 완전하게 소화되지 않은 채 소장과 대장에 머무는 동안 부패가 시작되면 아민, 암모니아, 페놀, 유화수산, 인돌 같은 독소물질을 내뿜는다. 또한 유해균이 과다 증식하여 장점막 세포를 파괴하게 된다. 그러나 유익균은 유해균의 증식을 억제하는 항생물질을 만들고, 비타민을 합성한다. 또한 장 점막의 성장과 활동을 돕고, 장내 독성물질을 제거하는 일을 한다. 장내 세균의 환경을 개선하여 유익균이 잘 살고 작동할 수 있도록 프로바이오틱스(유산균)를 사용하고, 유산균의 먹이가 되는 프리바이오틱스(프락토올리고당, 식이섬유)를 복용하는 것이 염증성장질환을 예방하는 데 도움이 된다.

대장에 염증이 발생하면 장벽이 느슨해져 장내의 세균이나 독성물질이 체내로 유입되어 대사를 교란한다. 곧 면역세포의 수용체에 결합하여 신호를 왜곡시켜 염증성 사이토카인의 수치를 증가시키게 된다. 고지방식, 인스턴트식품, 스트레스, 장내 균총의 불균형 등은 장 누수의 원인이 된다. 이렇듯 장벽의 기능을 회복시켜 독성물질의 체내 유입을 차단하는 것은 건강을 지키는 데 매우 중요한 일이다. 최근 '한국소화기내과평가' 기관과 함께 생식이 대장염 및 대장암 예방 효과에 탁월하다는 것을 확인했다. 대장염과 암을 유발한 쥐에서 생식이 대장염과 대장암, 장 누수증후군에 어떠한 영향을 미치는지를 연구했다.

실험 결과에서 생식은 일반식과 소식에 비하여 대장염을 효과적으로 개선시키고 장내 독성물질 중 하나인 발열성 물질의 체내 유입을 효과적으로 막는다는 사실을 확인했다. 발열성 물질의 체내 유입 차단 기능은 밀착 연접에 관여하는 유전자의 발현을 조절함으로써 회복되었다. 생식은 우리 몸을 구성하는 세포에서 유전자적 변화를 유도해 건강 상태를 정상적으로 회복시켜 준다.

대장암 및 대장염 연구를 통해 확인된 것은 생식이 장내 환경을 위한 최적의 식사라는 것이다. 생식은 50여 가지의 자연 원료, 특히 통곡식류, 버섯류, 야채류, 해조류를 풍부하게 섭취할 수 있는 식품이며 열을 가하지 않아 다른 어떤 식품보다 저항성 전분의 함량이 높다.

저항성 전분은 소화흡수가 천천히 되어 혈당 조절을 원활하게 하고 장에서 SCFA(Short Chain Fatty Acid)가 다량으로 생성되어 장 기능을 강화하고 활성화시킨다. 이외에도 생식에는 폴리페놀 및 미네랄, 비타민 그리고 불포화지방산을 포함한 미량의 생리활성 물질들이 풍부하게 함유되어 있어 장 건강에 유익하다.

우리는 생활문화와 서구화된 식생활로 장질환에 노출되어 있다. 육체적인 활동량은 줄어들고 고열량 식품의 섭취와 불규칙한 식생활로 장독을 채우고 있다. 이러한 불규칙한 식생활은 변비에서 각종 암까지 치명적인 결과를 일으킨다. 독소를 비우기 위해서는 장내 균총의 균형을 회복하는 것이 중요하다.

장내 세균의 환경을 개선하여 유익균이 잘 증식하고 작동할 수 있도록 해 주기 위해서 유익균의 먹이가 되는 올리고당과 식이섬유가 풍부한 자연식을 복용해야 한다. 특히 생식은 다른 어떤 식품보다 저항성 전분과 올리고당, 식이섬유의 함량이 높아 소화흡수가

천천히 일어나며 장내 노폐물을 비워준다. 곧 장내 유익균의 기능을
활성화하여 장독을 비우는 유익한 식품이다.

컬러푸드의
놀라운 힘

스테이크를 즐기던 패밀리 레스토랑들을 뒤로 하고 거리마다 야채 샐러드바, 자연식 밥상, 한식뷔페들이 등장하기 시작했다. 양상추, 적색 양배추, 색색의 파프리카, 새싹 채소를 골고루 섞어서 접시에 담고 신선한 파인애플 소스로 드레싱을 한다. 자연의 향과 질감이 입 안에서 가득 퍼진다.

건강을 챙기는 시대의 흐름에 맞추어 앞 다투어 건강 밥상을 제안하는 식당들이 등장하고 있다. 100세 시대에 현대인들의 건강 트렌드는 바로 항노화다.

2015년 11월 경남 창원에서 주최하는 항노화 산업 '실버박람회'

에 다녀왔다. 행사명 자체가 나의 호기심을 자극했다. 박람회장에는 각종 천연비누, 한방미스트, 천연음료, 양념장 등 항산화 미용제품과 건강식품들 외에 다양한 아이템들을 소개하고 있었다.

우리는 누구나 오랫동안 젊음과 건강을 유지하며 행복하게 살기를 원한다. 항노화 산업은 현대인의 소비 성향을 잘 반영하듯이 정부산하연구기관까지 관여할 정도로 높은 관심을 끌고 있다.

인체의 노화는 활성산소에 의해 촉진된다. 활성산소는 우리 몸에서 세포의 노화를 촉진하며 암이나 심혈관계질환 등 주요 만성질환을 일으키는 주범이다. 우리는 날마다 호흡을 하면서 산소를 들이마시며 혈액을 통해 온몸으로 산소를 공급한다. 그러나 간혹 산소 중에서 제대로 일을 하지 못하고 세포에 손상을 입히는 불안전한 산소, 즉 활성산소가 생성된다.

활성산소는 마치 쇠가 점점 색이 바래 녹이 스는 것과 같이 우리 몸의 세포에 노화와 염증을 유도한다. 현대인들의 잦은 음주, 흡연, 과식, 스트레스 등 잘못된 식생활과 생활습관이 활성산소의 위험성을 더욱 높이고 있다. 우리 몸의 배기가스라고 알려진 활성산소는 특히 음식을 소화하고 에너지를 만들어 내는 대사 과정이나 인체에 유해한 세균이나 바이러스를 없애는 과정에서 발생한다. 활성산소는 병원체를 공격해 이로운 역할을 수행하기도 하지만 그 양이 지나치게 증가하면 인체를 무차별적으로 공격해 악영향을 끼치게 된다.

활성산소는 산화시키는 능력이 크기 때문에 몸속 유전자의 변형에도 영향을 미친다. 또한 암, 당뇨, 동맥경화증, 아토피, 알러르기성 피부염 등의 질병을 일으킨다. 이러한 활성산소의 피해를 줄이고 몸의 산화를 억제하는 것이 바로 항산화제다.

우리가 즐겨 먹는 과일과 야채에는 이러한 활성산소를 중화하는 항산화제가 풍부하다. 항산화제를 효과적으로 즐기는 방법은 색깔이 있는 음식, 즉 '컬러푸드'를 섭취하는 것이다. 컬러푸드는 '제7의 영양소'로 주목받는 식물화합영양소인 '파이토케미컬(Phytochemiclal)'을 섭취할 수 있다.

'파이토케미컬'이란 식물을 뜻하는 '파이토(Phyto)'와 화학물질을 뜻하는 '케미컬(Chemical)'의 합성어로, 식물이 스스로를 지키기 위해 만들어낸 화학물질을 의미한다. 바로 색깔 영양소이다.

채소나 과일의 짙고 화려한 색깔은 스스로를 지키는 가장 강력한 생존 전략이다. 식물의 방패막이가 되는 색깔 영양소는 식물만 지키는 것이 아니라 사람의 건강도 지켜준다. 파이토케미컬은 식물마다 그 유효성이 각각 다르기 때문에 무지개 색깔로 다양하게 섭취해야 건강에 유익하다.

레드푸드인 딸기, 석류, 토마토, 고추와 같은 과일과 채소는 안토시아닌 성분이 함유되어 피를 맑게 해주며 식욕을 돋우는 작용을 한다. 고혈압과 고지혈증과 같은 성인병을 예방하고 활력을 북돋으며 피로를 해소하고 싶다면 레드푸드를 즐겨보는 것도 좋은 방법이다.

옐로푸드인 단호박, 바나나, 파인애플, 카레는 소화 기능을 돕고 비장, 위장을 보호하고 장내 독소를 해독하는 데 도움을 준다.

그린푸드인 시금치, 순무, 아보카도, 올리브, 브로콜리와 같은 녹색 채소의 엽록소는 눈의 피로를 풀어주고 몸과 마음을 편안하게 해준다. 그린푸드는 간 기능을 활성화시킬 뿐만 아니라 해독 기능을 지니고 있어 간 기능 회복에 도움이 된다.

양파, 도라지, 무, 콩나물, 배와 같은 화이트푸드는 체내의 산화 작용을 억제하고 유해물질을 배출시키며 바이러스에 대한 저항력을 길러준다. 특히 폐나 기관지가 약한 사람에게 호흡기 기능을 회복하는 데 도움이 된다.

"흰 머리카락이 보이면 검은색 음식을 먹어라."라는 말이 있다. 블랙푸드는 노화를 막는 항산화 성분을 많이 함유하고 있으며 암 예방, 시력 보호에 효과적이다. 특히 안토시아닌이 풍부한 검은콩, 흑미, 검은깨와 같은 블랙푸드는 신장, 방광, 부종을 예방하는 비뇨 기능에도 효과적이다. 보기 좋은 것이 먹기에도 좋다는 말처럼 식물이 가지고 있는 다양한 천연색소로 건강을 챙겨 보자.

우리 집의 건강 웰빙식은 카레다. 카레의 원료인 강황에는 쿠르쿠민이 들어 있어 간의 피로와 해독을 도와준다. 카레에 들어가는 야채들 중 브로콜리는 설포라판이 풍부하여 암을 예방한다. 당근과 호박은 베타카로틴을 섭취할 수 있어 노화와 당뇨의 합병증을 예방해 준다. 양파의 퀘르세틴은 혈중 콜레스테롤과 혈압을 낮춘다. 붉은 파프리카의 안토시아닌은 노화를 방지하고 요도감염을 예방한다. 카레는 그야말로 무지개 색깔로 가득한 파이토케미컬의 환상적인 오케스트라 연주와 같다.

미국 국립암연구소에서는 파이토케미컬이 발암물질을 억제하고 우리 몸에서 세포 노화를 일으키는 활성산소를 없애는 항산화 역할을 한다는 것을 밝혀냈다. 색깔 영양소를 골고루 먹으면 면역력이 올라가기 때문에 결국 늙고 병들고 망가진 세포는 없애고 건강한 세포를 되살리는 작용을 한다. 파이토케미컬은 면역력 증진, 혈액순환 개선, 염증 억제, 해독 작용 등 건강 유지와 장수를 돕는 역할로 알려져 있다.

미국 국립암연구소 '5-A-DAY'를 적극 권장한다. 이는 식생활 개선 프로그램으로 신선한 채소와 과일을 섭취하는 것이다. 과도한 육류 섭취로 인한 비만과 암의 발생을 미연에 방지하기 위해 처식을 권장하는 운동이다. '5가지 색깔의 채소와 과일을 매일 5접시 이상 먹자'는 의미로 육류 대신 채소와 과일의 섭취량을 늘리기 위한 방법을 제안하고 있다. 이외에도 호주에서는 하루 2종류의 과일과 5종류의 채소를 섭취하자는 캠페인을 진행하고 있다. 일본에서는 하루 350g의 채소 섭취를 권장하고 있고 영국과 독일은 1일 5회 채소와 과일 섭취를 권장하고 있다. 세계보건기구(WHO)는 빨강, 노랑, 초록, 검정, 하얀 색의 다섯 가지 색깔의 식물영양소를 매일 바꿔 가며 챙겨 먹자는

'5-Day' 운동을 진행했을 만큼 파이토케미컬은 중요한 영양소다.

2012년 대한민국 '가족건강 365본부'는 '하루에 3번, 6가지 이상의 채소와 과일을 5색으로 맞춰 먹자'는 운동을 진행했다. 우리나라에서는 처음 시작된 캠페인으로 국민들에게 균형 잡힌 채소와 과일 식단이 중요하다는 것을 집중적으로 홍보했다. 365캠페인은 하루 3번, 6가지 채소와 과일을 5가지 색으로 맞춰 먹으면 6대 암과 5대 생활습관병을 예방할 수 있다고 설명했다.

현대인의 부족한 영양 채우기는 세계 각국에서 진행 중인 캠페인에서 그 답을 찾을 수 있다. 단순하게 영양제 복용이 아닌 채소와 과일을 직접 섭취함으로써 부족한 영양소를 채우는 올바른 방법을 제시하고 있다.

매끼 식사를 무지개 색깔로 다양하게 섭취해 보자. 식사의 색깔이 다양해질수록 건강에 이롭다는 의미다. 채소와 과일을 충분히 섭취해야 하는 가장 중요한 이유는 바로 식품이 가지고 있는 파이토케미컬 때문이다.

파이토케미컬은 늙고 병들고 망가진 세포는 없애고 건강한 세포를 되살리는 항산화 작용을 한다. 특히 채소나 과일의 짙고 화려한 색깔은 스스로를 지키는 가장 강력한 생존 영양소를 담고 있다. 지금 당장 컬러푸드의 놀라운 힘, 파이토케미컬을 마음껏 즐겨 보자.

음식에도
궁합이 있다

배우 정혜영과 결혼한 가수 션은 "원석을 만나 내게 꼭 맞는 보석을 만들어가는 과정이 연애와 결혼이다."라고 말했다. 정혜영과 션은 마르지 않는 샘과 같은 한결같은 사랑을 나누며 육아와 기부를 통해 섬기는 삶까지 실천하는 부부다. 이들이 끊임없이 고백하기를 결혼한 후에 스스로가 더 좋은 사람이 되었다는 것이다. 인생에서 누구를 만나느냐에 따라 상생의 시너지 효과를 누릴 수도 있고 반대로 상극의 삶을 살 수도 있다.

인간관계에 있어서 남녀 궁합을 따지는 것처럼 음식에도 함께 먹으면 이로운 것이 있고 해로운 것이 있다. 음식들을 서로 함께 먹었을 때, 맛이나 영양이 잘 어울리거나 어울리지 않는 조화를 비유하여 '음식 궁합'이라고 한다. 조선시대 허준이 지은 《동의보감》에도 음식마다 함께 먹으면 좋은 음식과 해로운 음식이 언급되어 있다. 이 정도로 음식끼리의 궁합은 매우 중요하다.

궁합이 좋은 음식은 맛과 풍미를 더해주는 것은 물론이고 신체 건강에도 좋은 효과를 주어 약이 된다. 반대로 해로운 음식 궁합을 같이 먹으면 독이 될 수 있다. 좋은 음식 궁합은 어떤 음식의 조화일까?

레스토랑에 갔을 때 스테이크를 주문하면, 파인애플이 함께 곁들여 나오는 모습을 어렵지 않게 볼 수 있다. 파인애플은 특유의 상큼한 맛으로 고기의 느끼한 맛을 잡아주고, 고기의 육질을 부드럽게 해준다. 그뿐만이 아니라 음식 궁합도 좋다. 파인애플의 브로멜라민 효소는 스테이크의 소화를 돕는 역할을 한다.

족발이나 보쌈을 먹을 때는 보통 새우젓을 곁들여 먹는다. 단순하게 간을 맞추기 위해서 돼지고기를 새우젓에 찍어 먹는 것이 아니다. 돼지고기의 주성분이 되는 단백질과 지방의 성분을 소화시키기 위해서는 단백질 분해효소인 프로테아제와 지방 분해 효소인 리파아제가 필요하다. 새우젓엔 매우 강력한 분해 효소인 프로테아제와 리파아제가 들어가 있어 기름진 돼지고기의 소화를 도와준다. 만약 이러한 효소가 부족하게 되면 설사 증상이 나타날 수 있다.

돼지고기와 새우젓은 맛의 조화도 매우 훌륭하지만 소화력도 증진시켜 주고 영양학적으로 서로를 보완해 줄 수 있는 좋은 궁합 음식이다. 중의학에서도 음과 양의 균형을 중요시한다. 어느 한쪽으로 치우치지 않고 중용의 상태를 지켜야 병이 없는 것이다. 음식도 자연의 법칙에 순응하여 음양의 조화를 이루어야 한다.

음식을 섭취할 때 산성 식품과 알칼리성 식품의 균형이 필요하다. 식품을 불로 태우면 유기 성분은 전부 타버리고 무기염류만 남는다. 식품을 태운 재 속에 인, 황, 염소, 요오드와 같이 산성을 나타내는 음이온을 생성하는 원소를 가지고 있는 식품이 산성 식품이다. 반대로 칼슘, 칼륨, 나트륨, 마그네슘, 철, 구리, 망간같이 알칼리성 양이온을 나타내는 원소를 많이 가진 식품을 알칼리성 식품이라고 한다.

알칼리 식품으로 분류되는 것 중에는 과일, 채소, 견과류가 있다. 산성 식품으로 분류되는 것 중에는 고기, 달걀, 빵이 포함된다. 예를 들어 산성 식품인 고기만 먹는 것보다 알칼리성인 야채와 채소를 같이 먹으면 성인병이나 고지혈증에 걸릴 위험이 줄어든다. 또한 정제된 탄수화물인 백미, 밀가루보다 알칼리 성분이 있는 현미를 섭취하는 것이 훨씬 건강에 유익하다.

습관적이고 과다한 산성 식품의 섭취는 인체의 항상성을 파괴해 산성 체질을 만들기 쉽다. 산성 체질은 몸의 피로감을 증가시키고, 혈액의 점성이 높아져 혈액순환이 어려워진다. 그로 인해 감기,

몸살, 고혈압, 중풍, 당뇨, 위궤양, 간장병, 심장병과 같은 질병이 발생한다. 체액의 산성도가 높아지면 체취가 많이 나서 상대방에게 불쾌감을 줄 수도 있다. 산성 식품을 지나치게 섭취하면 암 세포는 정상 세포보다 산소를 덜 사용하고 젖산 생성을 활발히 한다. 건강한 몸을 위해서는 산성과 알칼리성 식품의 균형 있는 섭취가 필요하다.

환자들은 이미 체액의 산성도가 높아져 있다. 그래서 의사들은 환자에게 산성 식품을 멀리하고 통곡식류, 버섯류, 채소류, 해조류와 같은 알칼리성 식품을 먹으라고 권장한다. 몸은 음식의 균형이 이루어질 때 건강해진다.

나는 요즘 건강을 위해 로푸드(Raw Food)를 찾는 사람들을 자주 만난다. 36세 영어 강사 P 씨는 빵과 국수 같은 밀가루 음식을 먹으면 갑자기 몸이 붓고 나른해지면서 컨디션이 나빠진다고 했다. 그 후 그녀는 글루텐 프리 케이크를 먹은 후에는 그런 증상이 없어 자신의 몸에 글루텐이 맞지 않는다는 것을 알게 되었다. 유제품 없이 만든 로푸드 아이스크림을 먹었을 때는 속이 편안해 그제야 유제품이 맞지 않는다는 것도 알게 되었다고 했다.

내 몸에 맞는 음식, 건강한 음식을 먹었을 때의 가벼운 몸과 산뜻한 기분을 경험하다 보니 자연스레 로푸드 생활을 하게 된 것이다. 로푸드 생활을 하면서 음식이 삶 가운데 얼마나 큰 비중을 차지하는지에 대해 점점 더 절감하게 되었다고 한다.

로푸드 주스숍을 운영하고 있는 45세 K 씨는 간경화 혼자였다. 그는 고기와 술 없이는 하루도 견디기 어려운 식습관을 가지고 있었다. 그러나 간경화가 온 후 건강에 대한 소중함을 깨닫고 로푸드 주스를 통해 다시 간 건강을 회복했다.

그는 다시 어렵게 되찾은 건강인 만큼 인생의 2막은 자신의 건강을 회복시켜 준 로푸드 주스숍을 운영하기로 결정했다. 그는 로푸드 주스를 통해 자신의 건강을 챙기는 것은 물론이며 고객들에게도 건강을 선물할 수 있어 보람된다고 말했다. 그는 로푸드 주스숍을 단순히 돈을 버는 장사가 아니라 사람을 살리는 가치 있는 일이라고 생각한다. 건강하고 밝은 미소로 로푸드를 알리는 모습이 참으로 행복해 보였다.

야생동물이 사람과 같은 질병에 걸리지 않는 이유는 무엇일까? 동물들은 자연의 섭리에 순응하며 살기 때문이다. 낮이 되면 신나게 뛰어놀지만 밤이 되면 충분히 휴식을 취한다. 야생동둘은 자연의 법칙에 따라 정해진 음식만을 먹는다. 사자나 표범 같은 육식동물은 날카로운 이빨을 가지고 있어 고기를 찢어 먹고 소나 말같은 초식동물은 곡식과 채소를 소화시킬 수 있는 치아 구조와 내장을 가지고 있다. 무엇보다도 야생동물은 익히지 않은 자연 그대로의 생식을 섭취한다.

1992년 세종대학교 윤옥현 교수의 논문에 의하면 "생식은 우리 몸에서 윤활유 역할을 하는 비타민과 몸을 단단하게 하는 미네랄을 섭취할 수 있는 함량이 다섯 배 이상 높다. 생식은 생명에 꼭 필요한 미지의 영양소를 포함해 자연의 살아 있는 생명영양소를 섭취하는 것이므로 몸을 건강하게 만든다. 그래서 생식을 하는 사람이 화식을 즐기고 탐닉하는 사람들에 비해 질병에 걸릴 확률이 10배나 낮다."라고 발표했다. 어떤 음식을 선택하느냐에 따라 삶의 질이 달라질 수 있다.

음식의 최고 궁합은 서로 부족한 부분을 보완해 주는 것이며 음과 양의 조화를 이루는 것이다. 화식으로 부족해지기 쉬운 영양소를 생식으로 보완해 보자. 열을 가해 손상된 영양소를 섭취하고 있다면 생명력이 살아 있는 생식으로 부족한 영양소를 보완할 수 있다. 매일 화식으로 길들여져 있는 몸에 생식으로 활력을 불어넣어 보자.

통째로 먹는 음식이
약이 된다

TV 방송 프로그램에서 "모든 음식을 통째로 먹어야 건강해질 수 있다."라고 말하는 사람을 보았다. 그녀는 통째로 음식을 먹고 나서 병원에 갈 일이 없어졌다고 자신 있게 말했다. 호박꼭지는 물론이며 생선도 머리부터 꼬리까지 통째로 먹는다. 바나나와 키위도 거침없이 껍질까지 모조리 먹는다. 그녀는 간식으로 생강과 더파를 통째로 먹는다. 평범하지 않은 시도다. 그녀는 씹어 먹을 수 있는 것은 다 먹는다고 했다. 그녀가 음식을 통째로 먹게 된 계기는 어머니가 갑상선을 치료하기 위해 통째로 음식을 드시기 시작했는데, 그 영향으로 가족 모두가 음식을 껍질째 먹게 된 것이었다고 말했다.

4년 이상 모든 음식을 통째로 먹은 그녀와 가족들의 건강은 놀

랍게 회복되었다. 그녀는 가족 건강의 비결이 통째로 음식을 먹기 때문이라고 말했다.

'지나치면 부족함만 못하다'라는 말이 있다. 우리는 누구나 넘치고 남는 것을 좋아한다. 부족하면 왠지 허전하기 때문이다. TV 건강 프로그램에서 토마토가 건강에 좋다고 소개되면 바로 토마토를 박스 채 구입해서 먹는다. 포도가 좋다고 소문이 나면 포도도 박스 채 구입해서 먹는다. 그러나 이같이 한 가지 영양소에만 집중하다 보면 다른 영양소의 결핍이 찾아오게 되어 몸의 균형을 잃어버리게 된다. 우리의 몸은 풍요 속의 빈곤이라는 말처럼 잘 먹은 것 같지만 영양소의 부족함을 느끼게 된다. 그래서 과일을 먹을 때도 껍질째 먹어야 하고, 밥을 먹을 때도 백미보다는 현미밥을 먹어야 한다. 그리고 밀가루도 통밀로 먹어야 한다. 우리 몸은 통째로 먹는 음식을 먹어야 다양한 영양소를 섭취할 수 있다. 그래서 반드시 건강을 위해서 통째로 먹어야 한다.

TV 교양 방송 프로그램에서 전체음식의 이로운 점에 대해 방영했다. 전체음식이 소개된 직후 많은 사람들이 전체음식에 대해 뜨거운 관심을 보냈다. 전체식이란 생명을 담은 식사법이라는 의미로 자연 그대로의 음식물을 섭취하고 이를 통해 건강을 챙기는 식사다. 이런 전체식의 원칙 중에는 일물전체(一物全體)라는 핵심적인 사상이 들어 있다.

일물전체는 우리가 먹는 음식물은 하나의 생명체로서 통째로 섭취해야 한다는 의미를 담고 있다. 과일 하나를 먹더라고 과육은 물론 껍질과 씨까지 버리는 부분 없이 먹어야 한다는 의미를 금고 있다.

가정의학과 조해경 의사는 "거친 채소 및 과일의 뿌리나 껍질에는 식이섬유가 많아 장운동을 향상시키고 면역력을 높여준다."라고 말한다. 통째로 먹는 음식물 속에는 다양한 항산화 물질이 인체의 염증 상태를 줄여주는 효과가 있다.

미국에서는 국민들의 건강을 위해 1970년대부터 통곡식의 섭취를 장려해 왔다. 1999년 이후 '미국식품의약품국'의 허가 아래 51% 이상의 통곡식을 함유한 제품에 '암과 심장병의 위험성을 줄이는 가능성이 있다'라고 표기하고 있다. 또한 2007년에는 '세계암연구기금'과 '미국암연구협회'에서 암이 발생하는 원인으로 70~80%가 식사에 있다고 보고했다. 정제된 식품을 제한하고 영양제보다 음식을 통째로 먹는 것을 권장하고 있다. 전체음식을 섭취하는 식생활이 건강과 직결되어 있다고 증명한 것이다.

《1일 1식》의 저자 나구모 요시노리 의사는 "전체음식의 의미는 균형과 조화를 통해 영양분을 얻는 것이다."라고 말했다. 통째로 먹는 음식을 완전식품이라고 이야기한다. 통째로 먹는 식문화가 생명체로서의 균형을 잡는 데 가장 바람직하다고 말한다. 즉 생선 한 마리를 통째로 먹는 것이 인체를 구성하는 영양소와 가장 가깝고 균형 잡힌 것이다. 육류, 생선, 채소, 곡물 등 모든 음식이 약이 되며 전체를 먹는 것이 생존과 건강에 도움이 된다고 주장한다.

통째로 먹을 수 있는 음식에는 어떤 것들이 있을까? 자연에서 만든 음식은 약이나 기능성 보충제가 감히 흉내 낼 수 없는 근본적인 치유를 돕는다. 요즘은 건강식보다 당과 밀가루로 만들어진 맛있는 음식들이 더 많다. 또한 식품첨가물과 유전자 변형 식품 등의 섭취로 몸속 시스템이 심각하게 훼손되고 있다.

하루 한두 끼 식사만이라도 통째로 먹는 음식을 먹는 것이 중요하다. 우리의 주식인 쌀은 물론 반찬으로 먹는 감자, 당근, 오이, 과일 등 입으로 들어가는 대부분의 음식들은 통째로 먹을 수 있다.

껍질과 과육 사이에 가장 많은 영양분이 있으므로 껍질을 벗기지 않고 먹는 것이 건강에 유익하다. 어떤 식품을 가공해서 필요한 성분만 추출해서 섭취하는 것보다는 통째로 그 음식이 가지고 있는 영양소를 모두 섭취해야 한다.

채소를 먹을 때도 잎과 껍질, 뿌리를 먹는다. 과일의 껍질에는 폴리페놀이 많이 들어 있으며 이 성분은 상처를 치유하는 항산화 작용이 우수하다. 자연의 에너지를 통째로 먹는 습관을 가져야 한다. 그러나 고기를 통째로 먹을 수 있을까? 고기는 등심, 안심, 사태머리, 양지살 등 부분 음식으로 먹는다. 전체음식이 아니다. 동물성 식품 중에는 멸치나 새우 외에 전체음식으로 먹을 수 있는 것이 거의 없다.

　나는 2002년 고추의 숙성, 가공에 따른 생리활성물질 함량의 변화와 암 예방 효과에 대한 논문을 발표했다. 실험 결과 고추의 부위별 과피(껍질), 태좌, 종자 중 과피에서 비타민 C와 카로티노이드, 베타카로틴의 함량이 가장 높게 측정되었다. 과피는 강한 항산화 작용을 가지고 있어 활성산소로 인한 인체의 손상을 억제하며 항돌연변이 효과를 가지고 있다. 심혈관 질환을 예방할 뿐만 아니라 면역력까지 높였다. 생식은 영양분을 살리면서 여러 종류의 식물들을 혼합하는 형태로 섭취할 수 있는 식물화합물 식품이다.

　식물이 활성산소, 곤충, 박테리아, 바이러스 등으로부터 스스로를 방어하여 생명을 유지할 수 있도록 해주는 식물화합물은 주로 껍질에 풍부하다. 그러므로 식물화합물을 온전하게 섭취하려면 과일은 껍질째, 채소는 잎, 줄기, 뿌리 등 전체를 먹어야 한다.

　생식은 전체음식으로 식품의 유효성에 다양성 시너지 효과를 기대할 수 있는 것이 가장 큰 장점이다. 이 생리활성 인자들은 항산화 작용뿐만 아니라 여러 종류의 암의 발생과 진행 과정에 관여한다. 생리활성 물질들은 효소 억제와 분비에 관여하거나 DNA에 손상을 입히는 요인들을 제거한다. 또한 초기 비정상적인 세포나 신생종양의 분화를 억제하는 등 서로 다른 기전으로 발암 과정을 제어한다.

　　그동안 우리는 자연이 준 선물을 자신의 입맛에 맞게 요리해 왔다. 그 때문에 음식물의 맛은 나아진 반면, 옛날보다 수많은 질병에 노출되고, 점점 피로에 지친 삶을 살아가고 있다. 내 몸이 건강해지는 방법은 통째로 먹는 음식에 달렸다. 오늘 저녁식사는 온 가족의 건강을 위해 통째로 먹을 수 있는 음식을 준비해 보자.

건강을 지키는 아이콘,
효소에 집중하라

'왜 이렇게 피곤하지', '더부룩하고 찌뿌둥한 느낌이 드네', '요즘 입맛이 없어', '소화가 잘 되지 않아', '잠을 깊게 잘 수가 없네'라며 불편함을 호소하는 사람들이 늘어나고 있다. 특별한 병명이 있는 것은 아니지만 몸속 이곳저곳에서 적신호를 보낸다. 이러한 불편함을 호소하면서 그 해결책을 찾는 사람들이 늘고 있다. 그 방법 중 하나는 다양한 과일과 채소를 이용해서 효소를 섭취하는 것이다. 대한민국에는 지금 효소 열풍이 불고 있다.

식혜를 마시면 소화가 잘 되는 이유는 무엇일까? 또 우유를 마시고 설사를 하는 이유는 무엇일까? 이것이 바로 효소가 하는 작용이다. 효소란 신진대사 작용을 도와 모든 장기가 제대로 기능을 발휘할 수 있도록 돕는 촉매제다. 효소는 우리 몸속에서 영양소를 분해하고 합성하며 에너지 공급을 빠르고 원활하게 해준다. 또한 세포 성장과 분화 과정에서 필요 없는 노폐물과 독소를 배출해 준다. 그리고 기관을 보수하며 질병에 저항하여 건강한 몸을 만든다. 효소는 사람뿐만 아니라 동물이나 식물과 같은 생명 작용을 하는 모든 것에 연관되어 있다. 결국 효소는 휴대전화의 배터리와 같은 역할을 한다. 배터리가 없으면 제 기능을 할 수 없는 것과 같이 우리 몸에 효소가 없다면 제대로 된 기능을 할 수 없다.

직장인 L 씨는 얼마 전부터 나타난 두통과 식후 불쾌함으로 업무에 집중할 수가 없다. 그는 자신의 몸 상태가 점점 나빠지고 있다고 느껴서 병원을 찾았다. 검사 결과 소화불량, 만성위염이라는 진단을 받았다.

'소화불량'이란 소화기관의 기능장애와 관련해 주로 소화장애 증세가 있는 경우다. 소화장애란 속 쓰림, 빠른 포만감, 위상복부의 통증, 식후 불쾌감 등 조금만 먹어도 꽉 찬 듯한 느낌과 같은 증상이다. 이런 경우 "소화가 잘 안 되네." 하며 찾는 것이 바로 소화제다. 소화제란 소화효소제를 의미한다.

나는 학창시절에 만성 소화불량으로 소화제를 매일 먹어야 했다. 아침식사만 하면 등굣길에 배가 아팠다. 나는 위장 기능이 약했지만 아침마다 시간이 부족해서 국물에 밥을 말아 먹는 식습관을 가지고 있었다. 급하게 먹기도 하고 효소도 없는 식사를 하니 위장이 부담스러울 수밖에 없었던 것이다.

'효소'는 우리가 먹은 음식을 소화할 수 있도록 도와주는 아주 중요한 일을 한다. 효소는 크게 식품효소와 소화효소, 대사효소로 나뉜다. 소화효소가 부족할 경우 소화불량과 같은 위장장애가 나타난다. 음식을 꼭꼭 씹어서 삼키라는 이유는 침 속에 '아밀라아제'라는 효소가 있기 때문이다. 이 작용으로 탄수화물을 분해하게 되고 고기와 같은 단백질은 위에서 펩신과 프로테아제와 같은 소화효소를 이용해 분해하게 된다. 반대로 기름진 음식을 먹고 나면 속이 더 부룩하고 소화가 오래 걸리는 이유는 지방 분해 효소인 리파아제가 부족하기 때문이다.

몸속에서 스스로 소화작용을 못하기 때문에 소화효소제의 도움을 받아야 하는 것이다. 푸짐하게 차려진 생야채쌈을 먹은 날과 고기를 구워 먹는 날을 비교해 보자.

생야채쌈은 배가 부를 정도로 많이 먹었어도 위가 편하고 쉽게 소화가 되는 것을 경험할 수 있다. 하지만 고기를 구워 먹은 날은 포만감은 있지만 속이 편안하지 않은 경험도 했을 것이다. 그 이유는 생식으로 구성된 야채쌈밥은 식품 속에 효소가 살아 있기 때문에 음식물의 소화흡수를 촉진하게 된다. 그러나 열을 가한 고기는 소화효소를 생성해야 하기 때문에 소화가 지연되는 것이다. 생야채쌈과 같은 자연식은 식품효소를 섭취할 수 있기 때문에 소화효소의 생산을 아낄 수 있다.

효소는 55℃ 이상 열을 가하면 사라진다. 불에 익힌 음식을 주로 먹다 보니 자연스레 효소를 얻을 기회를 놓치게 된다. 효소가 없는 식사를 지속함으로써 소화에 필요한 모든 효소를 췌장이 생산해야 하므로 과하게 일을 하게 되는 것이다.

사람의 췌장은 몸집이 큰 짐승의 것보다 더 비대하다. 동물의 췌장이 커지지 않는 것은 효소가 충분한 먹잇감을 찾기 때문이다. 사람도 이처럼 췌장이 고생하지 않도록 식품효소를 섭취해야 한다.

사자는 먹이를 사냥하고 가장 먼저 먹이의 내장부터 먹는다. 내장이 효소의 보고이기 때문이다. 야생동물은 생식만 섭취한다. 생식은 식품이 가지고 있는 효소를 이용해 체내에서 소화효소 및 대사효소를 만드는 에너지를 절약하게 된다. 그러나 우리의 식생활에서는 식품효소가 절대적으로 부족하다. 소화효소가 부족할 경우 소화되지 않은 영양소가 혈액으로 들어오는 물질을 유입이물질로 간주한다. 그래서 신진대사를 방해하고 면역반응을 일으키며 염증질환을 유발하게 된다. 또한 지방의 축적을 막지 못해 비만을 유발하게 된다. 효소가 없다면 우리 몸은 그저 섭취한 음식의 저장 탱크일 뿐이다.

고대 인도의 철학자 카유틸랴는 "건강은 적당한 식사에서 온다.

건강한 사람이라도 소화력이 떨어질 때는 음식을 섭취하지 말라. 음식을 충분히 소화해 내는 사람에게는 질병이 없다."라고 말했다. 몸은 먹는 음식으로 만들어지지만 효소는 땀과 소변, 대변, 타액과 함께 손실된다. 체내에 독소가 많거나 질병이 진행되었을 때는 효소가 고갈된다.

소화효소가 부족하면 몸은 소화효소를 만드는 일에 집중하기 때문에 대사효소의 작용이 어려워진다. 건강한 사람은 효소가 제대로 분비된다. 소화효소의 분비가 원활하지 않으면 위가 좋지 않고, 간 해독 효소가 제 역할을 못하면 병에 노출될 수 있다. 저생효소가 제대로 역할을 못하면 노화가 빨리 온다. 생명력 있는 음식을 통해 식품효소가 들어오게 되면 인체는 소화효소를 절약할 수 있고, 소화효소를 절약하게 되면 몸은 대사효소에 집중할 수 있다.

미국의 효소 연구자 하웰 박사는 일생 동안 만들 수 있는 효소의 총량이 정해져 있으며 이것이 소진되면 죽는다고 주장한다. 체내에서 생산되는 체내 잠재효소는 항상 일정량을 가진다. 그래서 소화효소, 대사효소의 균형이 필요하다. 그러나 익히고 볶고 지지는, 효소가 다 파괴된 식사는 그만큼 체내에서 소화효소를 많이 만들어야 하기 때문에 그에 따라 대사효소 부족이 초래된다. 때문에 외부로부터 반드시 효소를 풍부하게 넣어 주어야 한다.

알베르트 아인슈타인 의과대학 신야 히로미 교수는 건강의 열쇠는 효소를 보충하는 식사를 하는 것으로, 생활습관이 중요하다고 말했다. 그러나 인체는 각종 독소, 전자파, 자외선 접촉으로 생기는 활성산소 해독에 다량의 효소를 소비하고 있다. 환경오염과 스트레스 등 현대인의 외적인 환경 변화에 따라 체내 효소의 소모가 빨라지고 있다. 특정한 부분에서 효소를 대량 소비하면 몸의 다른 부분에서 필요한 효소가 부족해진다. 이렇게 중요한 역할을 하는 효소를 음식을 통해서 얻어야 한다.

나이가 들수록 몸에서 줄어드는 효소는 어떻게 채워야 할까? 결국 음식물을 통해 효소를 채워야 한다. 효소가 함유된 음식은 신선한 과일과 채소, 싹을 틔운 곡식과 씨앗이다. 하지만 현대인들은 인스턴트, 가공식품, 육류를 주로 섭취하기 때문에 효소를 충분히 보충하기 힘들다. 반면 해독에 사용되는 대사효소의 소모가 증가하고 있으며 입 속으로 들어가는 식품효소의 양도 급격하게 감소하고 있다. 익히고, 볶고, 지지고, 끓이는 조리법으로 인해 효소가 부족한 식습관을 가지고 있다 해도 과언이 아니다. 우리 몸은 매일 새롭게 효소를 만들고 있지만 잘못된 생활습관이나 노화로 그 양이 점점 줄어들기 때문에 음식을 통해 보충해야 한다.

100세 시대를 앞두고 건강하고 행복한 삶을 살고 싶다면 어떻게 해야 할까? 생체 활동의 가장 기본적인 에너지원인 효소를 얼마나 잘 채우는지에 따라 건강 상태가 좌우된다. 건강한 사람은 효소가 제대로 분비되고 있지만 제대로 분비되지 못할 경우 건강한 삶을 살 수 없다. 무엇을 '먹느냐가 중요한 것이 아니라 얼마나 흡수하느냐'가 중요하다. 현재 나는 생식의 효소를 이용해 건강한 몸을 유지하고 있다. 아직까지 생식이 어렵게만 느껴진다면 010. 7133. 8366으로 문자를 보내 보라. 당신도 나와 같은 질병 없는 삶을 살 수 있도록 돕겠다.

생식에는 소화를 잘되게 하고 좋은 콜레스테롤을 증가시키며 변비를 예방하는 효소들이 풍부하다. 여기에 생식품을 먹으면 신진대사를 촉진시켜 질병을 예방할 수 있다. 효소가 없다면 인간은 생명을 유지하고 지속할 수 없다. 건강을 지키는 효소에 집중해야 한다.

치료보다 치유가 되는
음식을 먹어라

감기에 걸리면 머리도 아프고 콧물도 나고 소화도 안 된다. 몸살을 앓기도 하고 의욕도 떨어진다. 이와 같이 스트레스를 받으면 머리도 아프고 위도 쓰리며 장에 탈도 난다. 또한 혈당 조절이 되지 않으면 당뇨로 인해 고혈압, 고지혈증, 신부전증과 같은 질환을 일으킨다.

몸에 질병이 발생하면 복합적인 증상을 경험하게 된다. 그 이유는 몸을 구성하는 모든 조직들이 유기적인 네트워크 관계로 구성되어 몸속 전체에 영향을 주기 때문이다. 몸속의 한 조직에 염증이 생겼다는 것은 다른 장기에도 영향을 주고 있다는 의미다. 문제가 생긴 한 부분만 집중치료하다 보면 결국 또 다른 질병을 키우게 된다.

몸에서 염증이 생기지 않는 곳은 없다. 이런 염증 반응이야말로 몸이 살아나기 위한 자연적인 치유 과정이다.

염증이 생기면 당장 화끈거리고 따갑다. 하지만 이런 반응이야말로 몸이 제대로 작용하기 위해서 혈액이 몰리고 순환이 되고 있다는 증거다. 그러나 우리는 이런 염증이 생기지 않도록 소염제나 항생제를 쓰면서 오히려 약물에 대한 내성을 쌓으며 병을 키우고 있다. 근본적인 원인은 개선하지 못하고 증상만 완화시키는 일을 초래하는 것이다.

28세 직장인 L 씨는 중학교 시절부터 아토피로 계속 고생 중이다. 병원에서 약물치료를 하면 금방 회복이 되는데 시간이 지나면 다시 아토피가 재발했다. 날씨가 건조해지면 더 가렵고 가려워서 긁으면 피가 났다. 심지어 얼굴에 아토피가 생기니 밖에 나가기도 싫고, 사람들과 마주하는 것도 싫어졌다. 그녀는 피부 문제만이 아니라 정신적으로도 괴로웠다.

아토피가 생기면 피부가 가렵다는 이유로 스테로이드 연고만 바른다. 그러나 피부가 왜 가려운지 생각을 전환한다면 건강을 찾을 수 있다. 근본적인 원인을 파악하지 않고 약물 치료에만 의존할 것이 아니라 근본적인 원인을 파악하고 관리해야 한다.

질병이 생겼다는 것은 바로 항상성이 깨진 것이다. 병을 치료하는 것은 항상성의 회복이다. 즉 몸의 균형을 회복하는 것이다. 그러나 대부분의 사람들은 약을 통해 증상을 억제하는 대중요법을 선택한다. 병의 원인인 몸과 마음의 문제를 근본적으로 치유하지 못한 채 오히려 부분적인 치료에 집중하는 것이다.

《약, 먹으면 안 된다》의 저자 후나세 슌스케 씨는 '약은 정말 병을 낫게 하는가?'라는 의문점을 품고 약의 부작용에 대해 이야기한다. 건강하게 살려면 자신이 즐기던 식생활 습관과 행동을 바꾸어야 한다. 몸이 치유가 되는 먹을거리를 찾고 식탐을 내려놓아야 한다. 이럴 때 비로소 몸은 회복할 수 있는 기능을 발휘하게 된다. 몸을 치유할 때 가장 먼저 생각해야 하는 것이 바로 해독이다. 해독은 음식을 섭취하고 분해하여 몸속에 독소가 쌓이지 않도록 돕는다.

'치유'란 몸의 균형이 무너진 것을 회복하는 일이다. 치유는 바로 해독에서부터 시작된다. 몸은 건강을 회복하기 위한 오케스트라 연주와 같은 종합예술이다.

'치료'란 고장이 난 악기만을 고치는 것이다. 치유를 하기 위해 치료가 필요한 것이다. 우리 몸은 하나의 유기체이기 때문에 어느 한 부분만 고쳐진다고 모두 좋아지는 것이 아니다. 바로 균형을 갖춰야 한다.

대구의료원 황성수 박사의 저서 《현미밥 채식》은 치유가 되는 식사법을 소개하고 있다. 그는 자신이 진료하는 환자 10명 중 9명은 식단에 문제가 있다는 사실을 알게 되었다. 고혈압 환자들이 약을 평생 먹어야 한다는 사실은 고혈압을 약으로 치료할 수 없기 때문이다. 그래서 그는 약 없이 치료할 수 있는 식이요법을 제안했다. 고혈압은 동물성 지방보다는 현미밥과 채식을 먹어야 한다.

황성수 박사는 자신이 먼저 현미밥 채식을 실천했다. 그리고 자신이 진료하는 환자들이 현미밥 등 채식으로 식단을 바꾼 후 비만, 고혈압, 당뇨, 파킨슨병, 치매 증세에서 빠르게 호전되는 것을 확인했다. 심지어 40년 이상 고혈압 약과 당뇨 약을 복용하던 환자들이 약 없이도 정상적인 생활이 가능했다. 생명력이 살아 있는 음식을 통해 영양을 보충하니 치유의 효과가 극대화된 것이다.

우리의 밥상에서 화학물질을 제거하는 작업이 필요하다. 특히 밥상을 책임지는 엄마라면 자연식으로 가족의 건강을 지켜야 한다. 편리하다는 이유로 혀를 유혹하는 각종 화학물질을 밥상에 올린다면 가족의 건강을 지킬 수 없다.

가정의 최고 의사는 엄마다. 밥상에 올릴 수 없거나 밥상에서 부족한 영양소를 건강식품으로 해결하기보다는 현미잡곡밥에 유기농 채소와 파래, 다시마, 미역, 김, 톳과 같은 해조류로 밥상을 차린다면 질병이 멀어진다. 이런 식사를 규칙적으로 먹게 되면 자연치유력이 향상되어 약이 없어도 건강한 삶을 누릴 수 있게 된다.

우리는 무엇을 먹느냐와 함께 어떻게 먹느냐에 대해서도 신경을 써야 한다. '자연치유력'은 외부로부터 유입된 바이러스나 박테리아, 체내에서 발생한 각종 균으로부터 세포를 지켜주는 방어능력이다. 이 능력은 각종 질병이나 부상으로부터 우리의 몸을 지켜준다. 이 자연치유력은 생명력이 살아 있는 음식을 섭취할 때 더욱 커지게 된다.

원인을 모르는 질병일 경우 현대의학으로 치료와 회복이 되지 않는 경우가 있다. '거의 모든 사람들은 병 때문이 아니고 치료 때문에 죽는다'라는 말이 있다. 치료를 뒷받침할 수 있는 체력을 만들어 주지 않으니 약물에 대한 부작용을 또 다른 약물로 치료하는 것이다. 치료가 잘 되지 않을 경우 또 증상이 나아질 때까지 다른 여러 가지 약물로 바꾸어 본다. 결국 환자는 임상실험 대상자인 셈이다.

질병을 치료하는 확실한 약이 없으니 여러 가지 약물을 복용해 보며 자신에게 맞는 약물을 찾아간다. 질병을 바로 보는 관점을 가져야 한다. 약물로 치료가 되지 않는 질병들은 식사 조절만으로도 회복할 수 있다. 치료의 안목을 넓혀서 다양한 기회들을 받아들이는 통합의학적인 관점에서 몸을 치유해야 한다.

우리는 결핍보다 과잉으로 병을 키운다. 결국 병은 몸의 균형이 깨지면서 시작된다. 약으로 치료하기보다 몸의 균형을 맞추는 치유가 필요하다. 영양의 균형을 맞추어야 몸의 균형이 회복된다. 자연식이 바로 영양의 균형을 맞추는 일이다.

몸은 창조하고 치유하는 능력을 가진 유기적인 생명체다. 그래서 몸이 꼭 필요로 하는 음식을 먹어야 한다. 음식을 통해 생명체를 생성하고 유지하는 것이다. 생명체가 살아 있는 음식을 먹어야 몸과 마음이 회복된다.

어떤 음식을 선택하고 제할 것인지가 건강 관리의 핵심이다. 가장 먼저 음식을 선택하는 기준이 바뀌어야 한다. 몸속에 쌓여 있는 수많은 독소와 노폐물을 비우기 위해서는 어떤 음식을 먹어야 할까? 그동안 선택의 기준이 맛있는 음식이었다면 지금부터는 몸속에 좋은 유익균을 키워 나가는 음식을 선택해야 한다. 독소 제거에 좋은 음식이란 공장에서 만든 음식이 아니라 자연이 만든 음식을 그대로 살려서 먹는 것이다.

의사들이
알려주지 않는
시크릿
디톡스

모든 치료는
디톡스에서 시작된다

K 씨는 공인중개사다. 그는 고지혈증으로 5년간 약물을 복용했으며 얼마 전 가슴에 찌릿한 동통을 느껴 다시 병원을 찾았다. 병원에서 처방해 주는 약을 먹었는데도 불구하고, 증상은 호전되지 않았다. 그는 주변에서 추천하는 식이요법과 민간요법도 병행해 보았지만 쉽게 완쾌가 되지 않았다. 그는 여러 가지 건강 공부를 하던 끝에 단식을 선택했다. 또한 스트레스와 불규칙한 식생활을 벗어나려고 노력했다. 특히 맵고 짠 자극적인 음식들을 피하는 것이 자신의 건강을 지킬 수 있다고 믿었다.

최근에는 많은 환자들이 간헐적인 단식 방법으로 '디톡스'를 시도한다. '간헐적 단식'이란 저녁부터 다음 날 저녁까지 기본적인 수분 외에 아무것도 먹지 않는 것이다. 단식을 하면 당뇨에 영향을 미치는 인슐린 수치와 혈당 수치가 감소한다. 그래서 비만의 원인인 지방 분해를 증가시켜 세포가 깨끗해지는 효과를 누릴 수 있다. 일일 단식 또는 주말 단식을 활용하여 디톡스 다이어트를 하는 직장인들도 점차 늘고 있다. 삼시 세끼를 먹는 풍요로움이 비만, 혈압, 당뇨, 암과 같은 각종 질병을 가져다 준 것을 알고 단식을 통해 신체를 재정비하는 것이다.

대부분의 사람들은 몸에 특별한 이상이 없는데도 자주 피곤한 증상을 호소한다. 이런 상태를 반 건강한 상태라고 한다. '반 건강'이란 질병으로 가기 직전의 상태를 의미한다. 항상 피곤하고 목과 어깨에 통증이 있다. 소화도 잘 안 되고 평상시 우울하며 숙면을 취하기도 어렵다. 누구나 이러한 증상을 경험하게 되는데 이런 현상은 체내 독소의 알림 신호다. 하지만 질병으로 진단을 받은 상태가 아니기 때문에 체내 독소의 신호를 무시한다. 누구나 독소를 해결하는 자정 능력을 가지고 있다. 그러나 그 한계를 뛰어넘을 때 반 건강 상태가 시작된다.

건강한 사람은 독소를 체내 대사 과정을 통해 몸 밖으로 배출한다. 이러한 정화작용은 인체가 항상성을 유지하기 위해 독소를 처리하는 활동이다. 그러나 해독 기관의 처리 범위를 넘어선 다량의 독소는 해독작용에 무리가 된다. 해독 기능이 떨어지면 처리되지 못한 독소로 인해 질병이 생긴다. 질병이 진행되면 약물이나 수술과 같은 최후의 방법을 선택하게 된다. 그러나 치료를 아무리 받더라도 효과를 크게 느끼지 못하는 경우가 있다. 그 이유는 체내에 독소가 쌓인 원인을 해결하지 못했기 때문이다.

TV 방송 프로그램에서 '독이 빠져야 살이 빠진다'라는 주제로 단식을 통해 숙변을 제거하고 건강을 되찾으려는 사람들의 모습이 나왔다. '단식'이란 노폐물의 원활한 배출을 돕는 디톡스다. 공기 중 바이러스와 미세먼지는 호흡기를 통해 침투한다. 또한 화학 조미료와 같은 식품 첨가물이 범벅이 된 음식물은 입을 통해서 몸속에 쌓인다.

주거 공간조차도 더 이상 안전지대가 아니며 오히려 생활 독소들이 증가하고 있다. 이러한 생활 독소는 몸속에 쌓여 신체 리듬을 깨뜨리고 면역력까지 위협한다. 잘못된 식습관을 교정시켜 체내에 축적된 노폐물을 배출해야 한다. 장 속의 노폐물을 제거하면서 신체 기관의 균형을 다시 회복하는 것이 중요하다. 노폐물이 태출되면 순환과 대사가 촉진이 될 뿐만 아니라 체지방을 분해하면서 지용성 독소들도 함께 배출한다.

SBS 스페셜 〈끼니 반란〉에서 심재호 교수는 총 7명의 환자들이 한 달 동안 실천하는 간헐적 단식을 보여 주었다. 그는 "재활이 필요한 환자 중 상당수가 비만 때문에 힘들어 하며 살이 찌면 재활운동의 효과가 떨어진다."라고 주장했다. 그는 환자들에게 항상 체중 관리와 식습관 개선을 위해서 간헐적 단식을 해야 한다고 강조했다.

인체는 음식물의 공급이 일시적으로 중단되면 체내에 쌓인 불필요한 요소들을 배출한다. 단식을 통해 일정 기간 먹지 않는다면 몸에 문제가 생길 것 같지만 오히려 몸속에 들어오던 영양분이 끊어지면서 불필요한 것을 먼저 가져다 양분으로 바꾸어 쓰게 된다. 그러나 우리는 몸이 안 좋으면 더 많이 먹어야 질병이 회복된다고 생각한다. 하지만 과식은 노폐물을 처리하는 데 더 많은 노력과 시간을 쏟게 해서 치료를 어렵게 만든다. 심지어 야생동물들도 디톡스의 원리를 알고 있다. 동물들도 아플 때는 한적한 곳에서 물만 먹으며 쉬거나 금식을 한다. 또한 겨울잠을 자며 몸을 회복한다. 이처럼 자연의 법칙에 따라 기본에 충실할 때 치료가 시작되는 것이다.

시대가 바뀐 만큼 질병의 유형도 바뀌고 있다. 과거에는 몸의 영양이 부족하여 생기는 질병을 다스리기 위해서 보약을 먹어 몸을 회복시켰다. 그러나 요즘은 영양과잉으로 인하여 찾아오는 질병들이 많기 때문에 치료의 초첨을 디톡스에 두어야 한다. 전세계적으로도 암 환자를 위한 치료법으로 디톡스가 주목받고 있다.

대체의학의 선각자 막스 거슨 박사는 신진대사의 정상적인 기능이 깨질 때 암이 생긴다고 판단했다. '거슨요법'이란 손상된 대사를 복구하고 신진대사를 원활히 하여 염증을 효과적으로 치료하는 디

톡스 요법이다. 이 요법은 매끼 유기농법으로 재배된 과일, 야채, 곡
식을 주식으로 생채식을 권장한다. 몸에서 생기는 독소를 제거하고,
부족한 영양소를 채워주는 방법이다. 환자들은 천연 비타민과 미네
랄을 충분히 보충하기 위해 당근, 사과, 시금치, 상추 등 푸른 잎사
귀로 된 녹즙을 질병의 상태에 따라 하루 4잔에서 10잔 이상씩 섭
취한다.

　세계적인 암센터인 멕시코 오아시스 병원은 녹즙을 활용한 자연
요법으로 하루 10잔 이상의 녹즙을 환자들에게 먹도록 한다. 유기
농법으로 재배된 다양한 100% 생채소와 과일주스 요법으로 환자
들을 치료하는 것이다. 심지어 영국의 브리스톨 암센터에서는 암 환
자들에게 생식 식이요법을 실시한다. 음식을 조리하면 식품 속 영양
소가 파괴되기 때문에 환자들의 회복이 느릴 수밖에 없다. 그래서
식사의 70%를 생식으로 섭취한다. 또한 일본의 니시요법은 '가능한
한 약을 쓰지 않고도 질병을 예방, 치료할 수 있다'고 주장한다. 우
선 채식 위주의 식사와 현미밥 식사를 권장한다. 현미는 백미와 달
리 미강과 쌀눈을 함유하고 있기 때문에 비타민, 미네랄, 섬유질 등
의 중요 영양소를 섭취할 수 있다.

　암 환자 치료에 있어서 해독영양요법은 단순히 환자의 영양을
관리하기 위한 식이요법 프로그램만을 의미하는 것은 아니다. 항산
화작용이 강력한 비타민, 미네랄과 신선한 채소나 과일에 함유되어
있는 천연 영양소를 충분히 섭취하여 암의 치료를 돕고 재발을 방

지하는 데 목적이 있다.

질병을 치료하는 새로운 패러다임이 시작되었다. 몸은 매일 쌓이는 독소를 해결하지 못하면 오염된다. 이렇게 과부하가 걸린 몸이 스스로 해결하지 못하는 체내 독소를 인위적으로 배출시키고 해독 기관의 기능과 면역 기능을 되살리는 것이 디톡스다. 디톡스를 통해 해독 기관들이 정상적으로 활동하면 몸속으로 유입되는 독소의 배출을 촉진시킬 수 있다.

몸 안에 독소가 쌓이지 않게 되면 혈액이나 다른 장기와 기관이 회복되고 건강해진다. 근본적인 원인을 파악하고 기본에 충실한 치료가 시작되는 것이다. 건강의 시작은 내 몸을 비우는 것, 즉 디톡스로부터 시작된다.

디톡스는
'선택'이 아닌 '필수'다

디톡스 바람이 거세게 불고 있다. TV 방송 프로그램에서 해독주스가 지방을 분해하고 피를 맑게 해주는 효과로 소개되었다. 해독주스의 원료와 만드는 방법이 소개되면서 방송 후 해독주스와 관련된 과일과 채소 판매가 급증했다. 커피숍에서도 커피만 즐기는 것이 아니라 다양한 생과일 주스와 클렌즈샐러드와 같은 디톡스푸드가 등장했다. 유해물질로부터 스스로를 정화하고 보호하려는 사람들이 늘어나면서 해독주스가 인기를 끌고 있는 것이다.

디톡스란 집안 대청소와 같다. 내가 장기 출장으로 오랫동안 집을 비우게 되면 집안은 엉망진창이 되어 있다. 방과 거실에는 쓰레기가 쌓여 있고 곳곳에 먼지가 가득하다. 주방에는 음식물쓰레기가 산더미처럼 쌓여 있고 화장실에서는 악취도 난다. 매일 청소를 하다가 멈춰버리면 결국 대청소를 해야 한다. 문과 유리창도 닦아 주고 쓰레기는 버려야 한다.

우리의 몸도 이와 같다. 체내에서 축적된 독은 결국 땀, 호흡, 소변, 대변으로 나가야 한다. 더군다나 현대인들은 땀을 거의 흘리지 않고 호흡도 잔잔해 독소 배출이 잘 되지 않는다. 땀과 호흡으로 독소 배출이 안 되는 데다가 장 상태가 안 좋아 대소변으로도 독소 배출이 잘 안 된다. 그래서 체내 독소 축적이 심각할 수밖에 없다.

동양의학에 '만병일독(萬病一毒)'이란 말이 있다. 즉 질병의 종류는 다양하지만 모든 병의 원인은 인체에 쌓이는 독소로부터 시작한다는 말이다. 여러 가지 병의 원인은 바로 독소들의 통로인 혈관 속 어혈에서부터 시작된다.

'어혈'이란 우리 몸속에 뭉쳐 있거나 더러워진 혈액을 의미한다. 혈액은 우리의 생명을 지켜주는 가장 근본이 되지만 질병의 시작점이기도 하다. 그래서 몸이 좋지 않아 병원에 내원했을 때 가장 먼저 검사하는 것이 혈액이다. 혈액은 우리 몸의 구석구석을 끊임없이 순환하며 생명을 유지하는 데 필요한 영양소와 에너지를 운반한다. 또한 필요 없는 찌꺼기는 배설 기관으로 옮긴다. 혈액이 오염되어 제대로 순환하지 못할 때 질병은 시작된다. 그렇다면 혈액을 오염시키는 원인은 무엇일까? 과도한 스트레스와 동물성 식품의 과식, 운동 부족과 휴식 부족 등과 같은 이유다. 우리 몸이 자연치유 시스템에서 벗어난 삶을 살았을 때 병이 생긴다. 질병을 치유하고 건강해지기 위해서는 인체의 생명시스템에 맞는 삶을 살면 된다.

나의 작은아버지는 젊은 시절 잦은 출장 업무로 인해 불규칙한 식생활을 이어왔다. 그 결과 당뇨병이 찾아왔고, 20년 이상 혈당강하제를 복용했다. 그리고 잦은 합병증으로 병원 생활을 반복했다.

당뇨는 혈당이 높아 혈액이 끈적끈적해지는 병으로 혈관이 좁아져 혈액이 제대로 순환하지 못한다. 그래서 합병증으로 이어지기 쉽다. 작은아버지의 합병증 진행 속도는 정말 빨랐다. 골반 뼈가 쉽게 부러져 수술을 했고, 수술을 한 지 얼마 지나지 않아 눈의 모세혈관 손상으로 수술을 해야 했다. 당뇨병 환자는 지혈이 잘 되지 않기 때문에 수술도 쉽지 않을뿐더러 회복 속도도 느리다.

당뇨가 무서운 것은 치매로 진행되기 쉽다는 것이다. 작은아버지는 가족들을 잘 기억하지 못했다. 결국 식사량보다 복용해야 하는 약의 종류가 더 많아졌고, 급격한 체력 저하로 인해 보호자 없이 혼자 몸을 가누기도 어려운 상황이 되었다. 의사의 말이 아니더라도 작은아버지가 오래 살기는 어렵다는 생각이 들었다. 그래서 작은아버지와 마지막 만남이 될 것이라고 생각하며 온 가족이 한자리에 모였다. 작은아버지도 가족의 마음을 아셨는지 "아이들 건강하게 잘 키워라." 하시며 서로 마지막 인사를 나누는 자리가 되어 버렸다.

그러던 어느 날 작은아버지의 담당 주치의가 "아버님, 정말 건강하게 살고 싶으세요? 그럼 생식 드세요."라고 말했다. 그런데 이 말 한마디가 작은아버지에게 기적을 선물했다. 합병증 진행은 멈추었고, 혼자 산책도 갈 수 있을 만큼 기력을 회복한 것이다. 더욱 감사한 것은 기억이 돌아와 가족의 이름을 정확히 부를 수 있게 된 것이다. 이처럼 작은아버지의 회복에 도움을 주었던 것은 다름 아닌 디톡스 푸드였다.

디톡스는 약으로 하루하루를 견디며 살았던 삶을 다시 생기 있게 회복시켜 주었고, 수명 연장까지 도왔다. 작은아버지가 드셨던 생식은 그야말로 해독식이었다. 자연이 만든 음식 그대로를 최대한 가공하지 않은 채 먹는 식단이다. 생식은 우리 몸에 충분한 생명 에너지를 공급하며 장에 좋은 미생물들을 길러내 몸속 노폐물을 최대한 빨리 배출할 수 있게 돕는다. 생식은 바로 치유식이자 생명식인 것이다.

《해독이 답이다》의 저자 조병준 원장은 "해독은 필수다."라고 주장한다. 그는 "내가 음식을 잘못 먹어 병이 왔는데 음식을 바꾸지 않고 약만으로 결과인 병만 치료하면 병이 나을 수 없다."며 환자들의 식생활 습관을 교정해 주는 것으로 유명하다. 몸에 독소가 들어오면 각 장기들은 몸 안의 독소를 배출하기 위해 쉴 새 없이 일을 한다.

조병준 원장은 "독소를 해독하고 활성산소를 없애는 것이 질병 예방과 치유의 지름길이다."라고 강조한다. 체내에서 축적된 독을 빼내는 방법은 호흡, 땀, 대소변이다. 그런데 땀을 흘릴 기회가 적고 장 활동도 원활하지 않으니 독소 배출이 제때 이루어지지 않아 체내에 남아 있는 독소는 심각할 수밖에 없다. 일상 식생활에서 해독식을 하는 것이 좋다. 이 방법은 효소가 들어있는 채소와 과일, 현미밥 위주의 식사를 하고 가공식품과 정제식품을 피하는 것이다.

디톡스를 할 때 신체에는 어떤 변화가 찾아올까?

첫째, 해독 장기들이 건강해진다.

몸 안에 음식물이 들어오게 되면 장기들은 음식을 부수고, 흡수시키며 양분을 에너지로 전환시킨다. 에너지로 전환되는 과정에서 발생한 노폐물이나 유독물질은 체외로 내보내지는데 이때 장기의 부담은 커진다. 그러나 디톡스는 내장을 잠시 쉬게 하여 지쳐 있는 장기의 기능 회복을 도와줄 수 있다. 특히 해독 장기들인 간, 폐, 콩팥, 대장이 건강해진다.

둘째, 혈액과 체액이 맑아진다.

노폐물을 제거하고 배설하는 장기들은 활발하게 자신의 임무를 수행한다. 이 결과 몸의 찌꺼기들이 체외로 빠져나가 혈액순환이 자유롭다.

혈액순환이 잘되면 뇌 순환이 잘되어 머리가 맑아진다. 유독성 물질을 체외로 배출하는 기능이 좋아지면 입 냄새가 줄어들고 소변의 색깔이 옅어진다.

셋째, 위장이 편해진다.

과식을 하게 되면 몸의 에너지가 소화기 계통에 집중된다. 그래서 몸이 나른해지고 졸린 것이다. 수도자나 신앙생활을 하는 사람들이 금식을 하는 이유도 이 때문이다.

지금처럼 지속적으로 생활환경 등에서 독소에 노출되면 질병에 걸릴 가능성이 높아진다. 우리는 잘못된 식생활과 스트레스로 오는 질병의 근원을 약으로 해결할 수 없다. 식생활과 생활습관을 개선하지 않고는 건강하기란 기대할 수 없는 것이다. 독소의 축적은 대사기능장애로 이어진다. 디톡스는 몸을 해독하여 몸과 마음을 맑고 가볍게 해준다. 건강하게 살고 싶다면 해독은 선택이 아니라 필수다.

만성피로는
디톡스의 알림신호다

직장인 L 씨는 오랫동안 회사를 다녔다. 잦은 야근으로 눈도 자주 침침하고 어깨도 무거울 뿐만 아니라 뒷목이 당기고 온몸이 뻐근했다. 제대로 쉬지 못해서 그런가 하고 일요일이면 늦잠을 잤지만 오히려 몸은 더 피곤해졌다. 그녀는 체력적으로나 정신적으로 많이 힘들다 보니 운동을 해서 체력을 키우고 싶었다. 그러나 그것도 힘이 나지 않아 마음만 있을 뿐이다. 그녀는 아직 20대 후반인데 몸은 40대 같다고 했다.

요즘은 직장인뿐만 아니라 학생들까지도 피곤함을 달고 산다. 누구나 휴식을 취하지만 지속적인 피로에 시달린다. 이것을 만성피로 증후군이라고 한다. 특히 직장인들에게 흔히 나타나는데 외부 환경

또는 정신적인 스트레스에 의해 나타난다. 피로가 풀리지 않은 상태에서 또 한 주가 시작되면 피로는 더욱 누적된다. 이러한 기간이 길어지면 나중에는 쉬어도 피로가 풀리지 않는 만성피로가 된다. 만성피로가 되면 자주 감기를 앓거나 근육통, 관절통, 부종, 위장장애, 우울증, 불면증과 같이 다양한 질병으로 진행하게 된다. 심지어 면역 체계가 무너져 당뇨병, 갑상선질환, 내분비대사질환, 고혈압이나 동맥경화 같은 심혈관질환, 만성기관지염이나 폐기종 같은 호흡기질환, 지방간이나 간염과 같은 간질환으로 진행한다. 결국 '만성피로'란 질병으로 가는 고속열차다. 우리는 흔히 만성피로일 때 충분히 쉬거나 잘 자면 자연스럽게 회복이 되는 것으로 생각한다. 그러나 만성피로란 이미 신체 균형이 깨져서 나타나는 현상이다.

2014년 취업포털 '커리어'가 직장인 820명을 대상으로 설문조사를 한 결과, 직장인 85.4%가 만성피로에 시달리고 있다고 대답했다. 피로의 증상으로 무력감, 우울증, 소화기 계통 질병 등이 나타나는 것으로 조사되었다. 피로를 해결하는 방법은 다양했다. 직장인들은 주말에 쉴 때마다 잠을 보충하거나 보양음식 또는 보약 등을 먹었다. 이러한 방법들은 가장 대중적인 방법이다.

피로란 신체에 피로물질인 젖산, 활성산소 등이 정체되어 노폐물로 쌓이는 과정이다. 이렇게 다양한 요인으로 쌓인 노폐물은 독소가 된다. 그런데 피로하면 자양강장제로 해결하려고 한다. 특히 보양

음식은 한국인들이 좋아하는 식생활 문화다. 보양음식으로는 '보신탕'이 떠오르게 마련이다. 보신탕은 고단백 식품으로 충분한 단백질 보급원이 될 수 있다. 그러나 지금은 영양과잉의 시대에 살고 있어서 굳이 보신탕을 먹어야 할 필요는 없다. 오히려 포화지방산은 혈액순환을 방해하고 뇌와 내장의 노화를 일으키는 주범이다.

우리가 섭취하는 보양식 대부분은 고칼로리 고단백 식품이다. 평소 먹는 것은 잘 먹으나 활동량이 부족한 사람이 보양식으로 피로를 풀려고 하는 것은 좋은 방법이 아니다. 또한 자신의 몸 상태를 정확히 확인하지 않고 보약으로만 해결하려는 것도 신중히 선택해야 한다. 단순히 한 가지 질병 치료에만 처방하는 것이 아니라 해독에 관점을 두고 근본적인 치료를 진행하여 스스로 자생력을 회복할 수 있도록 관리하는 것이 중요하다.

남편들은 "피곤해!", "힘들어!" "지친다!", "그냥 쉬자!"라는 말을 많이 한다. 잠을 자도 피로가 풀리지 않고, 쉬어도 무기력한 날이 많아 항상 힘들어한다. 남편은 하루 종일 잠만 잤으면 소원이 없겠다고 말한다. 그러나 마음 편하게 쉴 여유가 없다. 주말은 평일보다 더 바쁘다. 주말은 아이들과 함께 시간을 보낼 수 있는 유일한 날이기 때문이다. 또 여기저기 경조사에도 빠짐없이 가야 한다.

어느 날 남편의 안색이 너무 어둡고 식은땀을 흘리는 모습에 종합건강검진검사를 해 보았다. '설마 큰 문제는 없겠지' 하고 기대하는 마음이었지만 의사는 "복수가 차기 직전입니다. 계속 무리하면 쓰러집니다."라는 진단을 내렸다. 그때 우리는 하늘이 무너지는 줄 알았다. 남편의 만성피로는 지방간과 만성간염으로 진행되어 있는 상태였다. 간 수치와 혈액 수치는 최고치를 기록했으며 이미 고혈압까지 진행된 상태였다. 당시 남편은 30대 후반이었으나 건강 나이는 최악이었다. 아직 우리는 해야 할 일이 많은데 젊은 나이에 가장이 무너지고 있었다. 남편의 몸은 계속 쉬라는 신호를 보냈지만 그 신호를 무시했고, 결과적으로 엄청난 고통을 얻게 되었다.

피로의 원인은 스트레스 같은 정신적인 요인이나 잘못된 식습관, 생활습관에 있다. 만성피로를 해결하기 위해서는 잘 자고, 잘 먹고, 잘 비우는 일이 우선이다. 그리고 육체적·정신적으로 잘 쉬어야 한다. 이러한 문제들만 해결하더라도 자연스럽게 증상이 호전된다. 해독을 통해 신진대사와 혈액의 흐름을 원활히 해야 한다. 체내에 쌓인 어혈 같은 노폐물을 배출시켜 몸을 가볍게 해주고 붓기와 불필요한 군살을 자연스럽게 없애야 한다. 가장 기본적인 것이 몸의 피로를 해결하는 첫걸음이다.

K 씨는 애견숍을 운영하는 애견 코디네이터다. 그녀는 월요일부터 일요일까지 쉬는 날이 거의 없다. 약 7년 정도 애견숍을 운영하다 보니 단골손님도 부쩍 늘었다. 덕분에 식사를 거르거나 대충 때우는 일도 많아졌다. 쉬어야지 하는 생각이 들면서도 예약 손님들

때문에 평일 늦은 시간이나 주말에도 일을 했다. 그렇게 자신도 모르는 사이에 피로가 누적되고 있었다. 한 달 만에 살이 5kg 이상 찌고 몸이 천근만근 무거워졌다. 그녀는 애견숍을 밤늦게까지 운영하기가 어려워졌다. 그녀는 병원에 가서 검진을 받았다. 의사는 그녀에게 갑상선저하증이라는 진단을 내렸다. 몸에서 보내는 신호를 무시하고 무리하게 일을 감행한 결과였다. 그녀는 매일매일 갑상선 약으로 하루를 시작하지 않으면 몸을 움직일 수 없을 정도로 건강을 잃고 말았다.

맥박, 체온, 체중, 식욕, 심리적 변화는 잠시 쉬라는 몸의 신호다. 몸의 신진대사가 과부하에 걸려 있다는 표시인 것이다. 컴퓨터도 과부하가 걸리면 다운되어 버린다. 그 전에 조치를 취해야 하는데, 무시하고 열심히 작업을 한다. 그 결과 저장되지 않은 자료를 한꺼번에 잃어버릴 수 있다. 아무리 고쳐보려고 해도 복구는 되지 않는다. 이와 같이 내 몸의 과부하 신호를 무시하면 소중한 건강을 잃어버리게 된다.

몸은 끊임없이 분명하고 구체적으로 신호를 보낸다. 이것이 만성피로 알림신호다. 만성피로를 해결하기 위해서는 잘 자고, 잘 쉬고, 잘 비우는 일이 가장 중요하다. 만성피로는 맛있는 음식을 먹는다고 해서 해결되지 않는다. 몸을 잘 비워줄 수 있는 음식들이 들어와야 한다. 이러한 기본적인 문제들만 해결하더라도 자연스럽게 증상은 호전된다.

만성피로를 해결하기 위해서는 반드시 디톡스를 해야 한다. 신진 대사와 혈액의 흐름을 원활히 해 스스로 건강해질 수 있는 발판을 마련해야 한다.

몸은 디톡스를 할 때 체내에 쌓인 어혈과 노폐물을 배출시켜 몸을 가볍게 해준다. 뿐만 아니라 불필요한 지방들을 자연스럽게 분해한다. 가장 기본에 충실할 때 몸의 피로를 해결할 수 있다. 우리 몸의 적신호인 만성피로를 이기려면 디톡스의 알림신호에 귀 기울여야 한다.

지금 먹는 음식이 곧 내가 된다

P 씨는 올해 32세로 둘째아이를 임신할지 고민 중이었다. 그녀는 5살 큰아이의 아토피로 마음고생을 많이 했다. 큰아이는 태어나면서부터 태열기가 있었고 자라면서도 아토피가 생기더니 지금은 비염으로까지 진행되었다. 태어나서부터 지금까지 아이와 엄마는 아토피와 전쟁을 치루고 있었다.

주변의 소개로 다양한 자연민간요법을 시도해 보았지만 소용이 없었다. 그래도 제주도에서 풍욕도 하고 일본에서 온천도 하며 아토피 치료에 전념을 다했다. 그러나 잠시 아토피가 회복되었다 집으로 돌아오면 다시 증상이 시작되었다. 큰아이는 항상 신경질적이며 짜증을 냈다. 그녀는 '왜 우리 아이만 이렇게 고생을 할까' 하며 푸념을 했다.

큰아이를 힘들게 양육하던 그녀는 절대 둘째아이는 가질 생각이 없었다. 그러나 평생 동생 없이 외롭게 살아갈 큰아이를 생각하면 동생이 꼭 필요하다고 생각이 들었다. 그러면서도 둘째아이도 큰아이와 같은 고통이 이어질까봐 두려워했다. P 씨는 도대체 무엇이 문제였을까? 그녀와 나눈 대화 중에서 근본적인 원인을 찾게 되었다. 바로 P 씨의 식습관과 생활습관에 있었다. 그녀는 누구보다는 식탐이 강했다. 주로 집에서 요리를 하기보다는 외식을 좋아했다. 특히 친구들을 좋아하는 그녀는 저녁 모임 자리가 많아 항상 야식과 과식을 했다. 그녀가 주로 즐겨 먹는 음식은 치킨과 피자, 중국 음식이었다. 심지어 큰아이를 임신했을 때 가장 많이 먹었던 음식이 자장면과 탕수육이었다. 그녀가 만약 둘째아이를 임신하려고 한다면 식생활 패턴과 생활습관부터 고쳐야 할 것이다.

나는 15년 동안 하루 한 끼 생식과 두 끼 화식을 생활화하고 있다. 그것은 내가 건강한 체질이 아니라는 사실을 알고 있기 때문이다. 그래서 임신 중에 먹을거리에 대해 신경을 많이 썼다. 특히 규칙적인 식생활을 지켰다.

나는 서른이 훌쩍 넘어 늦은 임신을 했다. 역시나 산부인과 의사는 노산인 나에게 양수검사를 권했다. '양수검사'란 임신 기간 중 태아의 문제나 염색체 이상을 알아보기 위해 산모의 양수를 채취하는 것이다. 양수에는 태아의 조직과 DNA가 포함되어 있기 때문에 유전적 이상 여부를 확인할 수 있다. 그 당시 초보 예비 엄마인 나는 선택의 여지없지 바로 양수검사를 진행했다. 검사 후 내원을 했을 때 의사는 "산모님, 나이가 많으셔서 걱정했지만 양수가 정말 깨끗합니다. 물론 태아도 건강합니다."라고 말해주었다.

나는 자연분만으로 건강한 아이를 낳았다. 큰아이는 흔한 병치레 한번 안 하고 건강하게 자랐다. 큰아이의 성장 과정을 보면서 임신 중에 엄마의 식단이 태아의 건강과 연관된다는 사실을 알게 되었다.

누구나 엄마의 자궁에서 약 열 달의 성장 과정을 보내고 태어난다. 엄마가 먹은 음식이 영양분이 되어 탯줄을 타고 들어와 태아의 뼈와 살을 만든다. 태어나서부터는 엄마의 모유와 이유식으로 영양분을 받는다.

우리 몸은 음식으로 끊임없이 세포를 성장시키고 분화한다. 음식이 몸속으로 들어오면 세포 속의 물질 교환이 일어나 새로운 성분으로 교체된다. 어제 먹은 국수의 전분이 당으로 변하고 이 당분이 세포 속의 구성 물질을 대체한다. 위장의 세포는 3~4일, 피부는 한 달, 뼈는 파골세포에 의해 오래된 세포는 녹여 없어지고 조골세포로 다시 약 280일 후 새로운 뼈가 만들어진다. 결국 먹는 음식으로 새로운 세포가 만들어지는 것이다.

미국의 듀크대학교 연구소에서는 흥미 있는 유전자 실험을 진행했다. 뚱뚱하고 암에 잘 걸리는 유전자를 가진 쥐에게는 생채식의 건강한 먹이를 주고, 건강한 유전자를 지닌 쥐에게는 가공식품을 섭취하게 했다. 그 결과 뚱뚱하고 암에 잘 걸리는 유전자의 쥐는 건강한 새끼를 낳았고, 가공식품을 섭취한 건강한 유전자의 쥐는 암에 잘 걸리는 새끼를 낳았다.

건강하지 못한 유전자를 타고 났어도 건강에 좋은 음식을 지속적으로 섭취하게 되면 유전자에 긍정적인 변화를 가져온다. 이것이 바로 '후성유전학'이다. 바른 식습관은 자신의 건강은 물론이며 후손에게까지 영향을 미친다. 만약 자신의 체질이 건강하지 않더라도 음식으로 얼마든지 건강한 유전자를 만들 수 있다.

음식은 건강한 세포를 만드는 원료다. 하지만 사람의 정신적인 활동과 성격에도 영향을 끼친다. 《이런 음식이 비행청소년을 만든다》의 저자 즈가와라 아키코 박사는 나쁜 식습관이 청소년을 육체적, 정신적으로 병들게 한다고 말했다.

가정에서 아이들은 흔히 아침식사 대용으로 콘플레이크를 우유에 타 먹는다. 그리고 점심식사로는 햄버거와 콜라를 먹는다. 이렇게 먹으면 영양 상태는 거의 제로에 가까워진다. 패스트푸드 등으로 간편하게 식사를 하는 학생은 머리 회전이 둔해진다. 이런 경우 학생들은 이유 없이 짜증을 내고 산만하며 집중력이 떨어진다.

짜증의 원인은 바로 저혈당이다. 도정하여 만든 단순당을 소장에서 너무 빨리 흡수하면 혈액 중 혈당치가 급상승하게 된다. 몸은 혈당치가 높아진 것을 신호로 알고 췌장에서 인슐린을 갑자기 분비한다. 이때 혈당치가 급격하게 떨어져 음식을 섭취하기 전보다 훨씬 낮은 혈당치인 저혈당 상태가 된다. 저혈당 상태가 반복되면 현기증이 나고 매사에 짜증이 나며 불안하다. 또한 집중력이 떨어지고 불쾌한 기분에 툭하면 싸움을 하게 된다.

즈가와라 아키코 박사는 "밥과 같은 탄수화물에 풍부한 비타민 B군은 두뇌 활동의 중요한 역할을 한다. 그래서 이를 적게 섭취할 경우 성질이 급해지고 기억력이 떨어지며 정상적인 판단력도 결여되기 쉽다."라고 지적했다. 저혈당이 되면 집중력 저하, 정신불안, 강박관념 등의 증상을 보일 수 있다. 그는 야채나 나물, 대두, 생선, 해조류 등의 신선한 식품을 가능한 한 자연 상태 그대로 먹을 것을 권고했다.

몸에 좋은 음식이 건강한 체력을 만든다. 또한 건강한 신체에서 건강한 정신력이 나온다. 해로운 음식은 건강하지 못한 몸과 마음을 만든다. 조화롭게 구성된 음식이 균형 잡힌 몸과 마음으로 이어진다. 나쁜 식습관을 가진 청소년과 아동들이 특히 불안정한 정신 상태를 갖기 쉬워진다. 이렇게 뇌와 소화 기관은 밀접하게 연결되어 있어서 불안증과 공황장애, 우울증, 자폐증, ADHD와 같은 정신질환으로 이어질 수 있다. 정신질환을 치료하는 데 있어 신경치료제에만 집중할 것이 아니다. 바로 우리가 일상적으로 먹는 음식의 중요성과 식생활 습관에 대한 연구가 그 어느 때보다 중요하다.

편리하고 맛있다는 이유로 혀끝을 유혹하는 각종 화학물질을 밥상에 올린다면 건강을 지킬 수 없다. 건강의 가장 중요한 요소는 식탁에서 화학물질을 제거하는 일이다. 인체는 끊임없이 물질 교환으로 생명작용을 하고 있다.

오늘 먹은 음식으로 몸을 구성하던 오래된 세포는 사라지고 새로운 성분 물질이 새로운 세포를 만든다. 건강한 몸을 위해서는 균형 잡힌 영양소가 반드시 필요하다. 특히 당신이 밥상을 책임지는 엄마라면 현미 잡곡밥에 유기농 채소와 다시마, 미역, 김과 같은 신토불이 밥상으로 차려 보자. 우리가 먹는 음식이 몸속 유전자를 바꾼다.

만성질환,
디톡스로 시작하라

사업가인 H 씨는 건강검진 결과 '미란성위염'이라는 진단을 받았다. 평상시 별다른 증상이 없었지만 종종 스트레스 때문인지 소화불량을 겪으며 잦은 트림을 했다. 최근에는 속 쓰림이 심해졌지만 좋아하는 밀가루 음식을 끊기가 어려웠다. 더군다나 사업을 하느라 접대할 일이 많아서 커피나 술, 매운 음식을 자주 먹게 되었다. 그도 이 같은 식습관이 몸이 좋지 않다는 것은 알고 있었다.

요즘 많은 직장인을 괴롭히는 만성질환 중 하나가 위염이다. 특히 30~40대 중년에게서 가장 흔히 볼 수 있는 질환이다. 위염 증상은 불규칙한 생활습관과 과도한 스트레스, 흡연과 음주, 자극적인 음식에 의해 유발된다. 물론 이외에도 헬리코박터균 감염이나 약물 부작용 등에 의해 나타나기도 한다. 이러한 만성질환인 위염은 기본적으로 소화불량을 비롯해서 복부팽만감, 식욕부진, 명치 주위의 통증, 구토, 오심, 트림 등의 증상이 나타난다. 간혹 증상을 보이지 않기도 하고 심한 복통과 체중이 줄어드는 사람도 있다.

2014년 질병관리본부는 비만, 고혈압, 당뇨병 및 고콜레스테롤혈증은 심뇌혈관질환의 선행질환으로 심근경색이나 뇌졸중 등 심각한 질환으로 이어질 수 있다고 발표했다. 만 30세 이상을 기준으로 성인 2명 중 1명은 비만, 고혈압, 당뇨병, 고콜레스테롤혈증 증세를 앓고 있는 것으로 나타났다. 특히 성인의 23.6%는 2개 이상의 만성질환을, 7.9%는 3개 이상의 복합적인 만성질환을 가지고 있었다. 심지어 노인 10명 중 9명 이상이 한 개 이상의 만성질환을 앓고 있으며 복합적인 만성질환 노인 환자의 증가로 노후 의료비 부담이 크다.

중장년기를 맞으면 누구나 흰머리와 주름이 늘어난다. 살이 처지고 자세도 구부정하게 변한다. 몸속에 지방의 대사산물이 쌓이며 고지혈증이 나타나고, 지방간, 통풍, 당뇨 등의 만성질환도 생긴다. 대사 기능이 약해지기 때문에 노폐물과 독소가 잘 배출되지 않는다. 그래서 숙변, 어혈, 과잉된 당과 지방, 콜레스테롤을 몸에서 배출해야 한다. 중장년기 건강의 핵심은 바로 '디톡스'다.

과거 전염병과 같은 급성질환이 심각했던 시대와 다르게 이제는 고혈압, 당뇨병과 같은 만성질환이 대세가 되었다. 만성질환 중에서는 고혈압의 발병률이 가장 높으며, 당뇨병 또한 연평균 증가율이 가장 높다. 노령세대가 아닌 젊은 나이임에도 불구하고 만성질환을 안고 사는 것이다. 만성질환은 하루 이틀 만에 생기는 것이 아니다. 오랜 기간 식습관과 생활습관으로 인해 발병한다. 뿐만 아니라 만성질환은 병원을 의지할수록 더 치료되기 어렵다. 의사는 약을 처방해주나 그 부작용에 대해서는 정확하게 알려주지 않는다. 우리가 가장 많이 처방받는 약들은 항생제, 소염제, 진통제로 대증치료다.

'대증치료'란 전쟁의학으로 야전병원에서 응급상황에 사용하는 치료이다. 그런데 여전히 만성질환에서도 치료 방법이 크게 다르지 않다. 만성질환은 장기적인 치료로 염증을 계속 악화시키게 된다. 예를 들어 당뇨약도 혈압강하제만 열심히 복용하면 하루하루 혈당이 조절된다. 그러나 약을 복용하면 할수록 합병증은 여전히 증가한다. 특히 장기적인 약물 치료는 약물 내성으로 이어진다. 약물 내성이란 반복적으로 사용할 때 약물의 효과가 감소하는 현상이다. 다시 말해서 처음에는 적은 약물로 치료할 수 있는 것이 동일한 효과를 내기 위해서 더 많은 약물을 써야 하는 것이다. 약물의 내성은 점점 더 많은 양을 요구하게 되며 약물 중독을 일으킨다.

직장인 J 씨는 커피로 하루를 시작해 커피로 마친다. 출근하자마자 원두커피 한 잔을 마시고 동료들과 점심식사를 한 후 디저트로 아메리카노를 마신다. 오후에는 캡슐커피 한 잔과 퇴근 후에는 친구들과 만나 수다를 떨며 커피를 마신다. 커피를 하루 건너뛰면 머리가 지끈거리고 일에 집중을 할 수 없을 정도다. 그러다 커피를 한 모금 마시면 마치 두뇌에 스위치를 올린 것처럼 정신이 돌아온다. 이런 일이 매일 반복되었다.

그녀는 이렇게 커피를 마셔도 밤에 잠을 잘 잔다. J 씨처럼 습관적으로 커피를 마시는 사람은 카페인에 내성을 갖게 된다. 반복적으로 커피를 마심으로써 카페인의 효과가 떨어진 것이다. 처음에는 커피가 교감신경을 자극하여 일상의 활력을 높이는 효과를 나타내지만 습관이 된 이후에는 더 이상 그런 효과를 기대하기는 어렵다. 지속적으로 커피를 마시게 되면 카페인을 끊었을 때 나타나는 금단 증상이 나타난다. 이 경우 커피를 한 모금만 마셔도 급속하게 금단 증상이 사라진다. 그녀는 커피를 끊으려고 노력해도 번번이 실패했다. 그 이유는 커피 섭취량이 늘어나면서 카페인에 내성이 생겼기 때문이다.

그녀는 가볍게 마셨던 커피 한 잔이 두 잔을 부르고 두 잔이 세 잔으로 늘어나면서 동일한 효과를 내기 위해서는 더 많은 커피를 마셔야 했다. 결국 카페인 내성이 카페인 중독으로 이어져 하루라도 커피를 마시지 않으면 안 되었다. 반복적인 식습관과 생활습관으로 인해 건강의 패턴도 달라질 수 있다.

'만성질환'이란 감염성질환이 아닌 자신이 만들어 낸 후천적인 생활습관병으로 인해 발생하는 것이다.

엄마는 나이가 들면서 가족들에게 짜증을 자주내며 기분 변화가 심했다. 계속해서 깊은 잠을 못 잤고, 얼굴도 화끈거린다고 했다. 가족들은 엄마가 우울증에 걸린 것 같다고 걱정했다. 바로 엄마에게 갱년기가 찾아온 것이었다. 도저히 견디기 어려웠던 엄마는 병원을 찾았고, 의사에게 여성호르몬 약을 처방받았다. 엄마가 병원을 다녀오는 날은 집안 분위기가 아주 좋아졌다. 그러나 병원 가는 날이 돌아 올쯤이면 다시 엄마의 짜증과 분노가 시작되었다.

엄마는 자신의 감정과 신체적인 변화가 자신의 의지로 통제되지 않는다고 했다. 이렇게 시작한 호르몬 치료는 벌써 5년이 넘었다. 그런데 엄마의 얼굴과 손발은 점점 붓기 시작했고, 푸석푸석해졌다. 갸름했던 얼굴이 보름달처럼 동그래져 갔다. 처음에는 나잇살이겠지 생각했으나 그 정도가 점점 심해졌다. 그 후 바로 호르몬 치료의 부작용으로 부종이 찾아 온 것을 알게 되었다. 항상 몸이 부어 있고 살이 찌니 병이 병을 부르는 것이었다. 혈압이 올라가고 관절염 진행도 빨랐다. 이제는 관절염 치료제까지 복용하기 시작했다. 관절염 치료제를 먹던 엄마는 또다시 위장병에 걸려 위 치료제를 복용했다. 엄마는 약이 없으면 불안해하면서 외출도 꺼려했다. 오로지 병원을 옆에 두고 살아야 하고 매일 약을 먹었다. 더 이상 약으로만 해결하려고 해서는 안 되었다. 그 원인을 찾는 것이 시급했다.

의학기술의 발달로 평균 수명은 연장되었다. 바로 평생 약물을 복용하며 수명을 연장하는 만성질환자들이 평균 수명 연장의 증가

요인인 것이다. 건강하게 오래 사는 것이 아니라 약으로 살고 있다고 해도 과언이 아니다. 의사를 100% 의존하기보다 100% 활용할 줄 알아야 한다. 보통 대부분 이 병을 앓고 있는 사람들은 고통스러워하며 병원을 찾는다. 병원에서는 완치는 불가능하다며 약물을 지속적으로 처방해 준다. 환자는 약물을 복용하는 순간 고통에서는 벗어나지만, 앞으로 같은 효과를 보기 위해 이전보다 더 많은 양의 약물을 복용해야 하는 불편한 진실도 알아야 한다. 약에 인생을 의지하지 말아야 한다.

누구나 중장년기가 되면 노화로 인해 신체의 대사기능이 저하된다. 대사기능이 떨어지게 되면 스스로 정화 능력이 떨어지기 때문에 노폐물과 독소 배출이 어려워진다. 그래서 숙변과 두통으로 이어진다. 가장 심각한 것이 혈액이다. 혈액이 끈적끈적해져 어혈이 진행된다. 그래서 중장년기 건강의 핵심은 바로 '디톡스'다. 평상시 꾸준하게 디톡스에 집중하여 혈액이 뭉치지 않고 잘 흘러야 만성질환으로부터 벗어날 수 있다.

병원에 자주 갈수록
수명이 짧아진다

고등학생 자녀를 키우는 두 아이의 엄마를 만났다. 그녀는 젊을 때부터 만성두통에 시달렸다고 말했다. 그리고 매달 생리통의 고통도 심했다. 하루를 꼬박 누워 있어야 하기 때문에 일상생활도 잘할 수 없었다. 그녀에게 진통제는 필수품이었다. 처음에는 진통제 한 알이면 괜찮아졌지만 지금은 그 양이 점점 늘어나 두세 알은 복용해야 했다. 하지만 가끔은 그마저도 효과가 없을 때도 있었다.

그녀는 3년 전부터 고지혈증으로 약을 복용하고 있다. 가족력이 있기 때문이다. 1년 전 우울증으로 고생할 때는 약 6개월간 항우울제를 복용했다. 그녀는 당장 약을 먹으면 아프지 않아서 약을 끊을 수 없다고 말했다.

몸이 아프면 병원에 간다. 병원에서 처방받은 약을 복용한 뒤 사라진 증상에 안심하며 다시 일상생활로 돌아간다. 그런데 이런 방법이 건강을 지키는 것일까? 오히려 병은 더 방치되고 있다는 사실을 알아야 한다. 약을 먹으면 증상은 잠시 호전되지만 시간이 지나면 다시 재발한다. 오히려 그때는 병이 전보다 악화되어 더 많은 약을 먹게 된다. 병원은 왜 아픈지 그것에 대한 근본적인 원인을 찾기 보다는 증상만 완화시키는 처방을 내린다. 약물에 의존해서 겨우 살아가기 싫다면 약에 의한 부작용도 알아야 한다.

나는 잦은 출장으로 컨디션이 좋지 못할 때가 많다. 초저녁부터 열이 나고 기침을 하면서 몸에 한기가 들 때가 있다. 목에 가래가 낄 정도의 심각한 감기여도 일하는 데 방해가 되어 병원도 자주 못 간다. 그러나 당장 몸이 불편하더라도 내 몸의 주치의인 '자연치유력'을 믿어본다. 나는 평소에 병원에도 잘 가지 않고, 약도 잘 먹지 않는 편이다. 굳이 병원에 가지 않더라도 휴식을 취하며 수분과 영양을 공급하면 증상들은 어느새 사라지기 때문이다.

자연 스스로 정화하는 자정 능력이 있듯이 사람도 마찬가지다. 스스로 자연치유력이 있다. 우리 몸에서 열이 나는 것은 나쁜 것이 아니다. 질병과 싸우고 있다는 긍정적인 신호일 때가 많다. 그런데 우리는 이런 과정이 불편하고 고통스럽기 때문에 증상을 없애기 위해 약에 의존한다. 그러면 몸이 스스로 낫고자 하는 자연치유의 과정을 멈추게 된다. 약을 복용하면 일시적으로 불편한 증상이 사라질 수는 있지만 스스로 치유할 수 있는 기회는 잃어버리는 것이다. 그럼 우리 몸은 완치되지 않고 또 다시 병에 걸린다. 결국 우리 몸은 더욱 강력한 항생제와 소염진통제를 의지하게 된다.

약을 먹지 않으면 몸에 나타난 증상들이 몸을 아프게 한다. 하지만 이러한 것은 몸을 일시적으로 불편하게 만드는 것일 뿐이다. 습관적으로 약을 먹다 보면 자연치유력을 무력하게 만든다. 감기로 인해 나타나는 현상과 통증은 악조건 속에서 살아남기 위해 우리 몸이 선택한 현상들이다. 고혈압을 극복하기 위해 혈압이 올라가는 것이고, 몸 안에서 바이러스가 증식하기 때문에 열을 올려 바이러스의 활동을 막는 과정들이다. 질병이 주는 괴로움과 불편함을 회피할 것이 아니라 내 몸을 고치기 위한 치유의 과정이라는 사실을 알아야 한다.

《약, 먹으면 안 된다》의 저자 후나세 슌스케는 "약은 우리의 병을 고치는 이로운 존재가 아니라 오히려 우리를 죽이는 독이다. 아플 때 열이 나고 구토와 설사 등의 증상이 나타나는데 그것은 실제로는 병이 호전되려는 치유반응이다."라고 말했다.

아픈 몸은 치유 과정을 통해 서서히 회복이 되는데 그 시간을 기다리지 못하고 약으로만 해결하려고 하면 안 된다. 결국 약은 우리 몸속의 자연치유반응을 방해하고 질병을 악화시켜 만성화시킨다. 이제는 편의점에서도 진통제를 쉽게 구할 수 있다. 약을 먹고 나면 통증이 사라졌다고 안심한다. 그러나 또다시 통증이 시작되면 진통제를 찾는다. 약을 쉽게 접할 수 있게 된 만큼 매번 진통제의 복용량은 늘어난다. 이러한 반복적인 행동이 약물의 내성을 올리는 악순환으로 이어지는 것이다.

가장 대표적인 것이 항생제의 남용이다. 결국 약이 듣지 않는 병원균이 생기게 된다. 항생제인 '페니실린'을 예로 들 수 있다. 페니실린은 더 이상 세균들을 제거하는 기능을 제대로 발휘하지 못한다. 약학전문가들은 '미래에는 더 이상 항생제가 효과가 없을 것이다'라고 예측한다. 그러나 우리는 항생제의 복용을 너무나 당연하게 받아들인다. 우리의 식탁에 오르는 닭, 오리, 소, 돼지와 같은 동물들도 대량의 항생제로 사육된다. 현재 우리나라 항생제 사용 중 반 이상은 불필요한 과다 복용인 것으로 조사되었다.

병원과 약국에서는 약 복용에 대한 부작용에 대해서는 언급을 하지 않는다. 심지어 만성질환자들은 약 기운에 기대서 인생을 살아가는 것을 당연하게 여긴다. 약이 건강에 도움이 되기 위해서는 최소한의 양만 투여하는 것이 바람직하다. 그런데 환자들은 더 빨리 낫기 위해 많은 양의 약을 먹는다. 질병을 치료하겠다고 먹는 약이 오히려 면역력을 떨어뜨리는 결과를 초래하게 되는 것이다. 세균과 싸워 이기려면 면역력을 길러야 한다. 면역체계를 어떻게 더 촉진할 수 있을지 생각하며 체내환경에 신경을 써야 한다. 내 몸 안의 면역력에 활력을 불어 넣어주는 핵심은 바로 통곡식과 생채식으로 식단을 바꾸고, 인체의 배설과 해독능력을 키우는 것이다. 그리고 무엇보다 자연의 순리에 맞게 자기 자신의 몸과 마음을 꾸준히 살피고 돌보는 것이 중요하다. 이러한 소박한 생활이 자연치유력을 높이며 치유를 결정하게 된다.

일본의 의사 마코토는《의사에게 살해당하지 않는 47가지 방법》에서 현대의학의 문제점에 대해 솔직하게 고백했다. 그는 "병원에 자주 갈수록 불필요한 약이나 과도한 의료 행위로 수명이 단축되기 쉽다."고 일침을 가한다.

환자는 의사를 자주 찾아 갈수록 더 많은 약을 먹게 되고 수술을 받게 된다. 병원의 의료서비스는 날로 진화한다. 병원은 마케팅을 통해 더 많은 환자를 유치하고 있다. 당연히 친절한 병원이나 의사에게 환자의 만족도는 높다. 그는 환자를 상품으로만 취급하는 의료 현실을 지적했다. 현대의학에서의 질병치료는 몸 전체의 균형 회복과 자연치유에 대한 것은 무시하고 증상 완화를 위한 치료를 목적으로 한다.

그는 현대의학의 문제점을 재조명하며 질병을 예방하려면 규칙적인 생활습관을 기르는 것이 치료의 근본이라고 말했다. 현대의학은 기술의 발전으로 생명 연장과 더불어 병에 대한 증세 파악과 처리 과정이 뛰어나다. 하지만 질병을 근본적으로 치료하고 고치는 것은 간과하고 있다. 치료는 환자가 중심이 되어야 한다. 약에 의존하기보다는 생활습관을 먼저 고쳐야 한다.

약을 먹고 증상이 사라지면 병이 나았다고 착각한다. 왜 병이 생겼는지도 모르면서 근본적인 치료가 아닌 순간적인 모면에 가까운 처방을 한다면 만성질환으로 이어지기 쉽다. 물론 약의 복용이 무조건 나쁘다고 할 수는 없다. 치료가 필요한 사람에게 분명히 약이 될 수 있다. 하지만 좀 더 신중하게 잘 알고 활용해야 한다. 치료를 하기 전 병만 보지 말고, 전체적인 몸의 흐름을 읽을 줄 알아야 한다. 바로 나무만 보지 말고 숲을 봐야 한다는 것이다.

약물에 의존하기보다 오히려 음식의 양을 줄이고 자신의 해독력을 키우는 것이 중요하다. 오늘부터 내 몸의 자연치유 능력을 믿고 기다려 보자. 내 몸 안에 있는 자연치유력을 키우는 것이 병원과 멀어지는 유일한 길이다.

하루 생식 한 잔이면
의사가 필요 없다

15년 차 외과의사 김남혁 씨는 생존율 5% 미만인 '버킷림프종'에 걸렸다. 밤낮 없는 의료 생활과 불규칙한 식생활로 희귀암이 찾아온 것이다. 그는 암을 치료하기 위해 자연식을 찾았다. 바로 열을 사용하지 않고 '생' 것으로 먹는 '생식'이었다. 그는 생식으로 몸의 면역력을 키워 암을 치료하는 데 많은 도움을 받았다. 건강한 식생활에 대한 갈망과 실천은 주로 암 환자에게서 볼 수 있다. 절박함이 있기 때문에 건강한 먹을거리를 탐색하게 되는 것이다.

일반적으로 질병에 걸리면 무언가 해야 한다는 생각에 사로잡힌다. 특히 심각한 질병인 경우에는 감당하기 어려울 정도의 비용을 지불하면서 특별한 치료에 매달린다. 결과가 좋으면 다행이지만 안

타깝게도 대부분 돈도 잃고 건강도 잃게 된다. 그러나 김남혁 씨는 "면역세포를 만들어내고, 소화시키고 해독하고 근육을 움직이게 만드는 힘은 오직 내 몸 안에만 있다. 기침으로 가래를 뱉고, 설사로 독소를 배출하는 것이야말로 몸의 자연치유능력이다."라고 말했다.

의학 기술의 발달로 새로운 치료법들이 개발되고 있다. 하지만 우리나라 사망 원인 1위는 암이다. 암 환자는 수술 후 항암제, 방사선 치료를 병행한다. 그러나 치유되지 못하는 경우도 많다.

《내 몸이 최고의 의사다》의 저자 임동규 씨는 도시 생활을 접고 시골에서 농사를 지으며 건강한 채식을 실천하는 의사다. 그는 질병 치유를 결정하는 것은 우리 몸의 생명력이라고 주장한다. 살아 있는 생명체에는 피부의 상처를 회복하고 부러진 뼈를 붙게 하는 힘, 바이러스를 이기는 힘 등이 있다. 질병은 스스로 선택한 삶의 결과이며 자신을 돌보지 않은 결과물이다.

우리는 몸에서 열이 나면 해열제를 복용한다. 그러나 열은 우리 몸속에 들어온 병원균이나 암 세포를 약화시키려는 몸의 정상적인 활동이다. 오히려 열을 올리면서 병원균의 활동을 약화시키고 면역 작용을 활발하게 한다. 심지어 혈압이 오르는 것 역시 말초세포로 향하는 혈액의 공급이 원활하지 않을 때 일어나는 현상이다. 진정으로 자신의 병을 치료하기 원한다면 그 원인을 알고 다스려야 한다. 이로써 삶이 바뀔 것이다.

방송인 장미화 씨는 10개월 동안 대상포진으로 고생을 했다. 처음에는 감기 몸살로 생각했다가 너무 아파서 병원에 가보니 대상포진으로 진단을 받게 되었다는 것이다. 바쁜 스케줄 탓에 물집이 터진 후에나 병원을 찾았는데 바이러스가 말초신경을 갉아먹은 상태였다고 한다. 대상포진으로 인해 10개월 동안 약을 먹는 것은 물론 척추에 주사를 맞는 등 할 수 있는 것은 다 했다고 말했다.

대상포진은 면역력이 떨어지면 찾아오는 질병이다. 그녀는 스트레스를 받는 일이 많아서 술을 많이 마셨고 그때 장이 나빠져 면역력이 떨어진 것 같다고 이야기했다. 그러면서 아이를 낳는 진통보다 더 아프다고 호소했다. 그 후 그녀는 면역력에 관심을 갖기 시작했다. 저염식으로 각종 채소와 과일을 복용했고, 간식으로는 버섯을 찢어 먹었다. 그리고 고른 영양분이 담긴 50여 가지의 분말 생식을 물에 타서 수시로 마셨다. 그녀는 잃어버린 건강을 찾기 위해 몸부림치면서 건강한 식단에 대한 소중함을 깨달았다고 말했다.

나는 전남 순천에 있는 종합병원에 '건강한 식생활' 세미나를 진행할 강사로 초빙받은 적이 있다. 병원의 환우와 가족들을 대상으로 진행하는 교육과 달리 의사와 간호사, 병원 행정직원들이 교육 대상이었다. 이 세미나를 주최한 사람은 다름 아닌 병원장이었다. 30년 진료의 경험을 가지고 있는 병원장은 생식 디톡스가 얼마나 몸에 좋은지 몸소 체험한 분이었다. 그는 병원 의료진들에 대한 애

정이 각별했다. 병원의 의료진들이 환자를 돌보면 그는 의료진의 건
강을 최우선으로 생각했다.

그날부터 의료진들과 가족들은 하루 한 끼 생식으로 식생활의
혁명을 시작했다. 병원장의 삶에 대한 태도를 보면서 나도 많은 깨
달음을 얻을 수 있었다. 환자를 돌보는 의사들이 먼저 건강해야 한
다. 자녀가 부모의 말보다 행동을 보며 생활 태도가 형성되듯이 환
자를 치료하는 의사들이 먼저 건강해야 한다.

의사도 자연치유력을 공부해야 한다. 이제는 약이 질병을 고치
는 시대가 아니다. 건강한 음식이 질병을 고치는 시대다. 의사가 더
열심히 연구해서 건강을 지향하는 식생활을 주도해야 한다.

나는 소화가 안 되고 더부룩해서 분당에 있는 '사랑의 병원'에
내원한 적이 있었다. 이 병원의 인상적인 모습 중 하나가 바로 대기
환자들에게 생식을 주는 것이었다. 의료진들 역시 먼저 자신의 건강
을 위해 하루 한 끼의 생식을 실천하고 있었으며 환자들의 식생활
혁명을 선도하고 있었다. 질병의 근본적인 원인을 분석하고 면역영
양요법으로 환자들의 치료를 돕는 것이다.

이 병원의 의사인 황성주 씨는 통합의학적인 의료기술을 확산하
고 식이영양요법을 통해 수많은 불치병 환자와 면역 환자들을 진료
하고 있었다. 치료는 식이영양요법과 병행하여 충분한 영양 공급과
해독을 도와 환자의 치료를 돕는 것이다. 그는 "생활 현장에서 건강

의 씨앗을 부지런히 심고 가꾸는 것만이 건강한 열매를 거둘 수 있는 확실한 방법이다."라고 말했다.

사랑의 병원 의료진들은 가족력, 식습관, 생활습관, 질병 상태와 심리 상태의 통합 분석을 통해 건강 개선, 질병 예방을 위한 일대일 맞춤 건강솔루션을 제공하고 있다. 잘못된 식생활은 각종 질병의 원인이 된다. 요즘은 환자들도 화학적인 약물요법만으로 치료가 어렵다는 것을 잘 알고 있다.

우리가 약을 먹는 이유는 병을 낫게 하기 위해서다. 그러나 만성질환과 난치병을 앓고 있는 사람들은 약을 먹으면서도 낫는다는 보장도 없이 생활하고 있다. 그저 악화되거나 합병증이 생기지만 않기를 바란다. 그러나 생활습관과 생각이 바뀌면 의사와 상관없이 어떤 만성질환도 치유할 수 있다.

만성질환을 앓는 환자들은 자연식 위주의 소식이나 절식으로 자연의 질서에 맞는 생활습관을 가져야 한다. 치료의 중심에 환자가 있어야 하고 치료의 시작은 디톡스가 먼저 되어야 하는 것이다. 자신의 건강을 위해 생식을 실천하는 의사들의 건강비결을 잘 지켜보자. 의사가 먹는 음식은 우리에게도 건강식이다.

내 몸이 깨끗해지는 7일 디톡스 프로젝트

매일 건강해지는 습관,
하루 한 끼 생식

주부 K 씨는 최근 가족들 건강 때문에 고민이 많다. 중년의 남편은 과중한 업무로 인해 운동을 할 시간이 없어서 항상 피곤해한다. 큰아들은 대학 입시 스트레스를 받고 있고, 작은아들은 고도비만이다. 그리고 그녀는 갱년기 증상을 겪고 있다.

그녀는 작심하고 6개월 동안 온 가족 하루 한 끼 생식을 시작했다. 생식을 섭취한 후 남편은 피로감이 사라졌고 몸이 가벼워졌다. 큰아들은 머리가 맑아지고 성적도 올랐다. 작은아들은 그 사이 몸무게가 8kg나 빠졌다. 그녀 역시 불면과 두통으로부터 해방되었다. 그녀는 온 가족이 생식으로 인해 잃어버린 건강을 되찾았다고 고백했다.

생식이란 사전적인 의미로 '음식을 익히지 않고 날로 먹는 것', '열을 가하거나 익히지 않는 음식'이란 뜻이다. 생식은 화식의 반대 개념으로 옛 선조들은 각종 곡류와 솔잎을 중심으로 한 채식을 섭취했다. 또한 동서양에서 생식은 민간치료요법으로 널리 사용되어 왔으며 스님들이 수행을 하며 먹는 음식이기도 하다. 그러나 요즘은 치료보다 예방이 더 중요하게 부각되어 성인병의 예방을 위해 생식 이용이 늘어났다. 특히 건강에 관심이 많은 현대인들에게 다양한 영양소를 제공할 수 있는 식사 대용식으로 선호되고 있다.

생식은 동결건조 또는 자연건조를 통해 가열공정을 거치지 않고 제조된다. 그래서 원료가 가지고 있는 탄수화물, 지방, 단백질, 비타민, 미네랄 등의 영양성분이나 효소활성을 그대로 유지하고 있어 다양한 식물화합물을 보충할 수 있는 기능성 통합식품이다.

실제로 우리가 매끼 섭취하는 음식의 종류는 크게 바뀌지 않는다. 영양학자들이 하루에 종류가 다른 30여 가지를 섭취하는 것을 권장하지만 현실적으로 어려운 일이다. 심지어 된장찌개도 3일 이상을 먹게 되고 밑반찬은 일주일 동안 먹기도 한다.

바쁜 일상 가운데 매일 요리를 한다는 것은 쉬운 일이 아니다. 요즘은 누구나 쉽게 따라 만들 수 있도록 물만 부으면 요리가 되는 가공식품들이 많다. 건강은 바로 내가 먹는 음식으로부터 시작된다. 잘 먹은 것 같지만 항상 피곤하고 몸이 무겁고 머리가 아픈 이유는 화식으로 인한 영양 불균형인 이유가 많다. 그래서 음식의 궁합을 잘 이루어야 영양소의 균형을 회복할 수 있다.

우리 가족은 아침식사를 생식으로 시작한 지 10년이 넘었다. 시작부터 순조롭게 진행된 것은 아니다. 그러나 꾸준한 섭취가 건강한 습관을 만들어 주었고 습관이 되니 하루 한 끼 생식은 자연스러워졌다. 지방간이 있는 남편은 간을 해독하고 체력을 보충할 수 있었고, 편식이 심한 아이들은 자연스럽게 입맛이 교정되었다. 칠순을 넘긴 부모님은 하루 한 끼의 생식을 통하여 치매를 예방하고 건강을 유지하고 있다.

아침에 눈을 뜨면 제일 먼저 물을 마시는 경우가 있는가 하면 공복에 커피를 마시기도 한다. 밤새 비워 있는 위장에 가장 먼저 들어오는 음식이 보약이다.

'아침식사는 임금처럼, 저녁식사는 거지처럼 먹어라'라는 속담처럼 아침 공복에는 가장 좋은 음식을 섭취해야 한다. 생식으로 아침식사를 대신하니 시간도 절약되고 공복감이 없어 건강한 하루를 시작할 수 있다. 그러나 대부분 사람들은 아침식사 시간이 부족하다. 오히려 부족한 잠을 보충하기 위해 아침식사를 포기하거나 시리얼에 우유를 먹는다.

나는 바쁜 일상생활로 간편하게 애용되고 있는 식사대용식인 시리얼과 생식의 영양소를 비교하는 실험을 했다. 연구 결과 생식이 시리얼보다 단백질, 칼슘, 인, 철분, 비타민 A, 티아민 함량이 더 높은 것으로 확인되었다. 또한 생식과 패스트푸드의 영양소 함량을 비교한 결과 햄버거 세트는 열량 및 단백질, 지방, 나트륨 함량이 한 끼 권장량의 1~1.5배, 하루 권장량의 약 50%를 차지했다. 또한 콜라와 같은 탄산음료는 열량만 있고 영양소는 거의 없는 정크푸드(Junk Food)로 확인되었다. 따라서 이와 같은 패스트푸드는 치아 및 골력을 약하게 하기 때문에 지속적으로 섭취할 경우 비만, 성인병 등을 가져와 건강을 해칠 수 있다.

생식은 시중에 나와 있는 다른 식사대용식과 비교하여 영양소 함량이 비슷하거나 더 높은 것으로 나타났다. 식사대용식의 대부분이 인스턴트, 가공식품인 것에 비해 생식은 50여 가지 식물성으로 이루어진 식품이기 때문에 식사대용식으로 섭취하기에 유익하다. 따라서 생식은 가공 과정을 통해 영양소가 파괴되는 화식과 달리 인체의 질병을 예방하고 신진대사에 도움이 되는 영양소, 효소, 엽록소, 식이섬유를 그대로 섭취할 수 있다.

온 가족이 생식으로 아침을 시작하니 몸속에 노폐물이 많이 남지 않아 소화가 잘 된다. 또한 흡수도 빨라 몸을 바로 움직여도 탈이 나지 않는다. 생식은 동결건조를 통하여 수분을 제거했기 때문에 생 재료보다 더 많은 양을 섭취하게 된다. 생식은 열처리를 하지 않았기 때문에 영양소의 손실이 거의 없는 효율적이며 간편한 식사다. 생식의 생명력은 '파이토케미컬'에서 나오는데 이 성분은 질병을 예방하고 치료하는 데 유익한 성분이다.

　생식을 섭취하는 방법은 두 가지가 있다. 먼저 가정에서 직접 제조하는 방법이다. TV 방송 프로그램에서 장수의 비법인 생식이 소개되었다. 환자를 진료하는 의사들도 바쁜 시간으로 식사를 제대로 하지 못할 때가 많아 하루 한 끼 또는 두 끼 생식을 한다. 버현호 한 의사는 "생식을 할 때, 편식보다 여러 곡류와 채소 등 골고루 섞어서 다양하게 먹는 것이 좋다."라고 이야기했다.

　그는 곡류와 채소를 이용해 집에서 간편하게 먹을 수 있는 생식 방법을 소개했다. 먼저 각각의 원료를 선별하여 유기농으로 구입한다. 각종 이물질을 제거한 후 깨끗하게 세척한다. 가정용 건조기를 이용하여 각각의 원료를 건조시킨다. 건조된 원료들은 가정용 분쇄기나 방앗간을 이용하여 분쇄한다. 입맛에 맞추어 적절하게 원료를 배합하여 필요에 따라 섭취한다.

　유기농으로 재배된 각종 곡류 외에 과일류, 야채류, 해조류, 버섯류도 생식의 원료가 된다. 특히 현미, 발아현미, 율무, 옥수수, 찹쌀, 보리, 흑미, 수수, 기장, 차조 등의 곡류를 비롯하여 호박, 감자, 시금치, 쑥, 당근, 표고버섯, 영지버섯, 우엉, 신선초, 케일, 양배추, 무청, 더덕 등의 생야채와 과일류, 미역, 다시마, 스피루리나 같은 해조류는 생식의 우수한 원료가 된다.

생식을 섭취할 수 있는 또 하나의 방법은 시중에 판매되는 생식을 이용하는 방법이다. 시중에서 판매되는 생식은 동결건조공법을 사용하여 식품의 영양소 파괴를 최소화한다는 장점이 있다. 그러나 시중에서 판매되는 제품을 구입할 때는 유기농 원료인지, 가공 및 유통과정을 신뢰하고 섭취할 수 있는지 검증된 것이어야 한다.

생식은 씻어 먹을 수 있는 식품이 아니기 때문에 반드시 생식 전문기업이어야 하며 인지도가 있는 기업의 제품을 이용해야 한다. 루이비통은 현재 전 세계 17개의 공방을 가지고 있는 대규모 기업이다. 이 기업이 세계적인 명품으로 성장할 수 있었던 비결은 10년 넘게 손바느질을 해온 장인들이 있었기 때문이다. 한 분야에서 전문가로 우뚝 선다는 것은 그만큼의 헌신과 노력이 필요한 것이다. 이처럼 우리가 먹는 식품에도 장인정신이 필요하다.

황성주 박사는 20년간 수많은 암 환자를 치료하면서 먹을거리야말로 암 환자에게 절박한 문제라는 것을 알게 되었다. 그는 암 환자를 위한 식이요법으로 생식을 개발했으며 현대인들의 영양 불균형까지 해결해 건강한 식생활 문화를 만들었다.

우리는 평상시 맛있는 음식을 찾아다니며 입이 즐거운 음식을 먹는다. 식탁에는 햄, 라면, 계란, 우유, 치킨과 같은 가공식품이 올라온다. 살다 보면 매번 좋은 음식만 먹고 살 수가 없다. 누구나 가공식품을 먹으면서 몸에 유익하지 않다는 생각을 한다. 하지만 바쁘게 살다 보면 음식을 챙기는 일이 생각처럼 쉽지가 않다. 대번 도시락을 싸가지고 다닐 수도 없기 때문이다. 몸에 안 좋은 음식을 먹었다 해도 하루 한 끼 생식을 먹으면 우리 몸은 이전에 먹은 안 좋은 음식까지도 좋은 쪽으로 활성화시킨다.

하루 한 끼를 생식으로 먹는 것은 쉬운 일이 아니다. 그러나 생식을 섭취하면 입맛이 변한다. 질병을 치료하기 위한 절박한 상황이 아니라면 식습관은 쉽게 바뀌지 않는다. 그러나 하루 한 끼 생식을 습관으로 지킨다면 건강이라는 열매를 맺을 수 있다. 처음에는 어색하고 힘이 들 수도 있지만 꾸준히 제대로 한다면 하루 한 끼 생식을 통해 몸이 먼저 느끼고 반응하게 된다. 우선 머리가 맑아지고, 위장이 편안해지며, 피로도 사라진다. 7일간 생식 디톡스를 체험한 사람들은 누구나 이런 경험을 한다. 그 이후로는 누가 시키지 않아도 먼저 즐거워하고 기다리게 된다.

생식 디톡스는 건강하지 못한 몸을 회복시켜 주는 능력이 있다. '몸은 가장 성스러운 옷이다'라는 속담이 있다. 내 몸에 가장 좋은 것을 채워줄 때 가장 아름답게 변한다. 생식은 몸에 해로운 활성산소와 노폐물을 처리해 주는 보석이다. 내 몸이 깨끗해지는 7일 간의 생식 디톡스 프로젝트야말로 건강의 열쇠다.

1일 차_뇌 디톡스
: 뇌를 깨우면 내가 산다

지하철을 타면 대부분의 사람들이 스마트폰에 열중하는 모습을 볼 수 있다. 일상생활로 자리 잡은 스마트폰 문화는 이제 더 이상 낯설지가 않다. 아침에 눈을 뜨자마자 스마트폰을 켜서 뉴스를 확인하고 메일을 수신한다. 심지어 영화도 보고 게임도 즐기며 인터넷 서핑까지 한다. 원하는 모든 것을 할 수 있는 것이다. 이렇게 빠르고 편리한 디지털 시대에 살고 있지만 꼭 유익한 영향만 주는 것은 아니다. 이러한 문화는 수험생, 직장인, 주부 할 것 없이 모두의 뇌를 잠시도 쉬지 못하게 하기 때문이다.

나는 '세수하고 수도꼭지를 안 잠근 것 같아!', '냄비를 가스 불에 올려놓고 깜박했어', '내 차를 어디에 주차했지?'라며 잊어버리는 경험을 자주한다. 아이들은 "엄마! 벌써 치매 온 거야?"라며 이야기 하기도 한다. 나도 가끔씩 바보가 된 기분이 든다. 컴퓨터나 스마트 폰을 많이 이용하면서 더 이상 지인들의 전화번호를 외우지 못한다. 심지어 자동차 내비게이션의 안내를 받지 않으면 길을 찾기도 어려 워졌다.

디지털 기기의 과도한 사용으로 인해 뇌의 기억과 인지 기능이 점점 떨어지는 '디지털 치매'가 뇌 건강을 위협하고 있다. 30세 이후 가 되면 누구나 뇌세포 감퇴가 시작된다. 해마가 위축되거나 해마의 신경세포가 노화되기 때문이다. 또한 뇌에 피로가 쌓이면 과부하에 걸리게 되어 집중력과 기억력이 떨어지게 된다. 빠르고 편리한 사회 가 만든 디지털 문화가 오히려 뇌의 노화와 피로를 가중시키고 있 는 것이다. 건망증이 지나치면 인지장애까지 진행된다. 뇌어도 휴식 이 필요하다. 100세 장수시대를 건강하게 살기 위해서는 몸의 중앙 장치인 뇌의 건강부터 지켜야 한다.

나는 45세라는 젊은 나이에 알츠하이머치매 판정을 받은 K 씨 를 만났다. 큰 병에 걸려 본 적도 없었던 그는 자신이 왜 이 병에 걸 렸는지 납득할 수 없을 만큼 충격을 받았다. 알츠하이머치매라면 나 이 든 사람들에게나 찾아오는 병이라고 생각했다. 그는 뇌의 손상으 로 이미 오른쪽 몸이 마비되어 거의 모든 활동을 왼쪽 몸으로만 했 다. 건망증도 심해졌고 몸은 계속 피로하고 지쳐 결국 고혈압과 당뇨합병증까지 찾아왔다.

그는 항상 불규칙한 식사를 했다. 그리고 과자나 빵으로 끼니를 때웠다고 했다. 그동안 몸에 좋다는 약과 식품들을 여러 가지 복용해 보았으나 큰 효과도 없었다. 그는 자신이 다시 회복될 것이라는 희망의 끈을 내려놓았다. 그러다 지인의 소개로 생식을 섭취하게 되었고 그 후 그의 체력은 서서히 좋아지기 시작했다. 9시간 이상의 장거리 외출도 피곤하지 않게 잘 다녀올 수 있었고, 삶에 대한 의지도 더 강해졌다. 자신의 삶에 희망과 용기를 되찾아 준 생식 덕분에 그는 건강한 식생활의 소중함을 가슴 깊이 깨달았다고 했다.

우리가 무심코 먹는 빵이나 과자 같은 간식은 단순당으로 위장에서 소화흡수를 빠르게 한다. 당 성분의 빠른 흡수는 급격한 혈당 상승을 일으킨다. 그로 인해 췌장에서 인슐린 분비가 빨라지면서 혈당 수치를 떨어뜨린다. 급하게 혈당을 회복시키려다 보니 정상 수치보다 낮은 수준까지 혈당이 떨어진다. 우리 몸은 또다시 사탕이나 초콜릿, 콜라와 같은 단순당이 먹고 싶은 충동이 생긴다.

췌장에서는 인슐린을 제때 분비하지 못해 본격적인 저혈당증이 나타나게 된다. 결국 포도당을 잘 처리해왔던 췌장이 과부하에 걸려 지치게 된다. 세포에는 에너지원이 끊기고, 갈 곳을 잃은 포도당은 혈당으로 머물러 있거나 소변으로 배출된다. 그 결과 단순히 살이 찌는 것뿐만 아니라 근육이나 신경조직 같은 각 기관들의 에너지가 고갈되어 비상 상태가 된다.

가장 먼저 적신호가 켜지는 곳은 뇌세포다. 다른 세포는 당분간 저장되었던 대체 에너지를 쓸 수 있지만 뇌세포는 곧 바로 에너지 고갈 상태에 빠지게 된다. 그래서 과도한 혈당장애는 뇌의 당뇨, 즉 치매의 원인이 된다. 뇌가 피로할 때 뇌세포가 필요한 영양을 채우면서 균형을 맞추는 것이 중요하다. 뇌의 피로를 풀고 뇌를 즐겁게 해주는 두뇌 영양소는 바로 필수아미노산이다.

필수아미노산은 피로한 뇌에 부족하기 쉬운 신경전달 물질을 합성한다. 특히 뇌의 기억력과 학습 능력을 높이며 세로토닌과 같은 행복 호르몬을 만드는 원료가 된다.

뇌를 피로하게 하는 주범이며 뇌세포의 손상을 유도하는 것은 바로 활성산소다. 활성산소는 뇌세포의 산화적 손상을 일으킨다. 활성산소를 제거하는 물질을 항산화제라고 말한다.

비타민 A, C, E는 스트레스로 만들어진 뇌의 활성산소를 제거해주는 항산화제다. 특히 과일과 채소에서 비타민과 미네랄을 섭취할 수 있으며 최고의 항산화제로 떠오르는 제7의 영양소인 파이토케미컬을 풍부하게 섭취할 수 있다. 파이토케미컬은 식물 속에 들어 있는 식물 고유의 천연화학 물질이다. 채소와 과일마다 색깔이 다양하고 맛과 향이 다르기 때문에 다양하게 섭취하는 것이 중요하다. 그 이유는 채소와 과일에 들어 있는 천연색소는 몸속에 유해한 활성산소를 제거하고 뇌세포의 손상을 막아 주기 때문이다. 또한 혈액순환을 도와주어 혈행 개선에 도움을 준다.

고등학생인 L 양은 아침잠이 많다. 그래서 그녀는 항상 아침식사를 굶고 학교에 간다. 엄마는 입맛이 없어 아침을 챙겨 먹지 못하는 딸을 위해 생식을 두유에 타 주기 시작했다. 생식을 섭취한 이후 그녀의 고질병인 비염이 사라지기 시작했고, 밤잠도 많이 줄었다. 그리고 아침 5시가 되면 상쾌하게 눈이 떠져 맑은 정신으로 하루를 시작하게 되었다. 전교 30등이었던 학교 성적이 전교 4등까지 올랐다.

"아침밥은 먹고 학교 가야지!"

자녀를 둔 부모라면 아침밥 챙기는 일이 큰 과제다. 하룻밤 동안의 공복을 멈추게 하는 아침식사는 밤새 쉬지 않고 활동한 뇌와 신체에 에너지를 공급한다. 오전에는 우리 몸의 혈당과 에너지가 바닥으로 떨어져 있기 때문에 음식 섭취가 필요하다. 하지만 가장 쉽게 포기하는 것이 아침식사다.

요즘 어린이들은 패스트푸드와 탄산음료 같은 단순당이며 기름진 음식을 좋아한다. 학교 급식에서도 기름진 육식, 가공식품들이 제공되고, 방과 후에는 간식으로 빵과 과자가 나온다. 점점 아이들의 체질이 바뀌어 가면서 아토피 피부염이나 비염, 천식과 같은 알레르기 증상이 늘어나고 있다. 또한 소아비만, 소아당뇨, 소아고지혈증과 같은 소아대사성질환자들도 증가하고 있다. 성장기에 있는 아이들은 규칙적인 식사와 영양의 균형이 필요하다.

생식은 풍부한 영양소를 골고루 포함하면서 포만감이 오래 지속된다. 그래서 아침식사 대용식으로 유익하다. 생식은 효소와 미량영양소가 살아 있는 채소와 과일, 통곡식 그리고 해조류가 함께 들어 있어 어린이와 청소년들의 두뇌 활동을 돕는 최고의 영양 간식이다.

쏟아지는 아침잠에서 벗어나 상쾌하게 일어나고 싶다면 생식을 먹어보자. 생식은 충분한 양의 복합당을 섭취할 수 있게 하고, 비타민과 미네랄로 건강한 세포 형성에 도움을 준다.

지금은 편리함을 추구하는 시대다. 그래서 뇌는 쉴 새 없이 많은 정보를 받아들이고 있다. 그러나 뇌에서 생각들이 정리되지 않은 채 계속 다른 정보들을 받아들이게 되면 집중력이 떨어지고 스트레스를 받게 된다. 집중력이 떨어지는 것은 바로 뇌가 휴식시간이 필요하다는 증거다.

뇌의 기능에 과부하가 걸리면 뇌의 독소인 활성산소에 의해 뇌세포가 빠르게 손상된다. 뇌를 독소로부터 지키기 위해서는 필수영양소를 공급해야 한다. 생식은 뇌를 비우는 해독식이며 두뇌 영양식이다. 오늘부터 생식으로 뇌를 맑게 비우고 건강을 채우자.

2일 차_위장 디톡스
: 유쾌, 상쾌, 통쾌! 변비에서 탈출하다

32세 직장인 J 씨는 조금만 스트레스를 받거나 몸이 안 좋아도 소화가 잘 안 된다. 그녀는 바쁜 일정으로 먹는 것에 신경을 쓰지 못한다. 그래서 인스턴트 음식이나 탄산음료로 식사를 자주 한다. 그래서인지 요즘 속이 더부룩하고 항상 트림이 많이 나온다. 장에서도 소리가 나며 방귀도 자주 나올 만큼 아랫배가 묵직해져 있다.

나는 최근 들어 속이 편안하지 않다며 불편함을 호소하는 사람들을 많이 만난다. 장이 약해서 변비와 설사를 반복하는 수험생, 잦은 술자리로 장을 혹사당하는 직장인, 임신이나 생리주기에 따른 호르몬 변화로 변비가 찾아 온 여성, 다이어트로 식사량이 줄어 변비가 생기는 사람들이다.

사람마다 위장에 문제가 있는 경우는 아주 다양하다. 오전에 개운하게 대변을 보지 못하면 하루 종일 컨디션이 좋지 않고, 몸이 무겁다. 위장 상태는 하루의 기분을 좌우할 뿐만 아니라 건강과 비만과도 직결된다. 생명 작용은 음식을 섭취하는 것으로부터 시작된다. 음식을 섭취하면 입에서부터 시작해서 항문에서 마치는 긴 여정이 시작된다. 이 과정이 순탄하지 못하면 몸은 항상 힘들어진다.

음식을 통해 식품첨가물과 환경호르몬을 비롯한 세균들이 우리 몸에 들어온다. 몸은 자연적으로 노폐물과 독소를 해독하는 능력을 가지고 있다. 그러나 노폐물을 배출하지 못하면 대변에 담겨 있던 독소들은 장 점막에 끈적끈적한 형태로 들러붙어 만성염증을 일으킨다.

한국인은 유독 위장 관련 질환이 다른 질환보다 발병률이 높다. 위장에 관련된 질환으로는 위염, 위궤양, 위암, 대장염, 대장암이 있다. 특히 위암과 대장암은 위장점막에 오랫동안 염증이 지속되면서 악성 종양으로 진행된다. 위장질환은 우리의 오랜 식습관과 생활습관으로 진행된다. 결국 서구화된 식습관과 짜고 맵고 뜨거운 음식 위주의 식습관이 위장점막에 변형을 가져와 암으로 발전하게 되는 것이다.

나는 대형마트 안에서 옷가게를 운영하고 있는 P 씨를 만났다. 그녀는 늘 마트 직원들과 식사를 하거나 아예 점심을 굶는다. 그리고 항상 급하게 먹다 보니 쉽게 잘 체하고 소화가 안 되어 답답해했다. 일주일에 한두 번은 아주 심하게 체해서 손가락을 바늘로 따야 한다고 했다. 자주 끼니를 거르다 보니 어지럼증이 오고 얼굴은 항상 부었다. 제일 심각한 것은 바로 변비였다. 면역력도 급격히 떨어져서 한여름을 제외하고는 늘 감기가 떨어지지 않았다. 그러던 그녀가 생식을 섭취한 후 자신이 먹고 싶은 음식을 마음대로 즐겨먹게 되었다. 특히 소화도 잘 되어 변비가 사라졌다.

우리가 섭취하는 냉동식품이나 가공식품은 대부분 열을 가한 제품이기 때문에 효소가 파괴되어 있다. 효소가 충분한 식품을 먹어도 가열해서 먹으면 그 기능을 제대로 발휘할 수 없다. 열을 가한 식물은 생명력이 파괴되어 새싹이 나지 않는다. 고기를 먹으면 포만감이 오래간다. 그러나 야채샐러드를 먹으면 푸짐하게 먹어도 쉽게 배가 고파진다. 열에 익힌 고기는 효소가 파괴되기 때문에 필요한 효소를 생성하기 위해 더 많은 양의 음식을 먹게 된다. 그러나 효소의 활성이 살아 있는 야채샐러드를 섭취하게 되면 적은 양으로도 충분히 효소를 섭취할 수 있다. 효소가 활성화되면 에너지 효율이 높다. 즉 열처리를 하지 않은 생식을 섭취하게 되면 효소가 살아 있는 상태이기 때문에 몸의 대사효소를 아낄 수 있다. 적은 양으로도 에너지 효율이 높기 때문에 생식을 먹으면 체력이 좋아지게 된다.

S 씨는 41세로 학원 강사다. 아이들 공부를 가르치다 보면 식사 시간도 일정하지 않고 급하게 먹는 일도 많았다. 그리고 신경이 쓰이는 일이 생길 때마다 장질환으로 설사를 했다. 결국 업무에도 지장이 많아서 학원을 그만두었다. 그녀는 아침식사를 생식으로 먹기 시작했다. 그녀는 생식을 섭취한 후 설사가 멈추기 시작했고, 피부 또한 맑고 투명해져서 젊어 보인다는 말을 듣게 되었다. 그녀는 하루도 거르지 않고 생식을 꾸준히 섭취했다. 그 이후 그녀는 위와 대장내시경 검사 결과 위장점막의 상태가 건강하다는 결과를 받았다. 생식으로 건강한 식생활을 찾자 새로운 일까지 도전할 수 있게 되었다.

현대인에게 장질환이 급격히 증가하고 있다. 과거에는 육체노동이 주를 이뤘지만 지금은 앉아서 하는 일이 많아졌기 때문이다. 더군다나 불규칙한 생활도 이어진다. 이러한 식생활은 장내 유해균을 증가시켜 변비에서 각종 암까지 치명적인 결과를 일으킨다. 장내 세균의 환경을 개선하여 유익균인 유산균이 잘 살고 작동할 수 있도록 해야 한다. 유산균과 같은 프로바이오틱스를 사용하고 유산균의 먹이가 되는 올리고당, 식이섬유, 저항성전분과 같은 프리바이오틱스를 섭취하면 장질환을 예방할 수 있다. 특히 생식은 다른 어떤 식품보다 유산균의 먹이가 되는 식이섬유와 저항성 전분의 함량이 높아 소화흡수가 천천히 되어 혈당 조절을 돕고 장 기능을 원활히 할 수 있도록 한다.

　나는 최근 3년간 '한국소화기내과' 평가 기관과 협력하여 생식이 대장염 및 대장암 예방에 효과가 있다는 사실을 밝혀냈다. 대장염과 대장암을 유발한 쥐에서 생식이 장 누수에 어떠한 영향을 미치는지, 그리고 대장염과 대장암 예방에 미치는 효과에 대해 연구했다. 이번 실험 결과에서 생식은 일반식에 비하여 대장염과 대장암을 효과적으로 개선시키고 장내 독성 물질 중 하나인 발열성 물질의 체내 유입을 효과적으로 막는다는 사실을 확인했다.

　발열성 물질의 체내 유입 차단 기능은 '밀착연접'에 관여하는 유전자의 발현을 조절함으로써 회복되었다. 생식은 우리 몸을 구성하는 세포의 유전자적 변화를 유도하여 우리 몸의 반 건강 상태를 정상적으로 회복시켜 준다. 생식은 50여 가지의 자연 원료로 통곡류를 풍부하게 섭취할 수 있다. 또한 열을 가하지 않은 식품보다 저항성 전분의 함량이 높아 소화흡수가 천천히 되어 혈당조절을 원활하게 한다. 장에서 SCFA(Short Chain Fatty Acid)가 다량으로 생성되어 장 기능을 강화하고 활성화시킨다.

　위장은 뇌 다음으로 독립적인 네트워크를 가진 장기로 신경세포가 몰려 있는 곳이다. 더 중요한 사실은 장이 신경계의 지배를 받기도 하지만 뇌가 장의 지배를 받기도 한다. 그래서 위장 기관을 '제2의 뇌'라고 말한다.

　특히 불규칙한 식생활로 인해 영양의 균형이 깨지고, 장내 유해

균을 증가시켜 위염과 변비에서 각종 암까지 치명적인 결과를 일으

킨다. 그러나 생식은 살아 있는 효소를 통해 위장을 편안하게 쉴 수

있도록 도와준다.

식이섬유와 저항성전분을 통해 유익균이 잘 증식하고 정착하여

장내균총의 균형을 회복시켜 주는 것이다. 지금부터 생식을 통해

몸이 가벼워지는 유쾌, 상쾌, 통쾌한 경험을 해보자.

3일 차_혈액 디톡스
: 혈액! 내 몸의 소통이 시작되다

개그맨 유재석은 진정성 있는 말을 한다. 그리고 상대방을 편안하게 해주며 쉽게 이야기를 풀어 나간다. 동료의 허물은 덮어주며 칭찬을 자주 하는 그는 소통 전문가다.

몸의 건강도 소통의 문제다. 혈액이 온몸 구석구석을 돌아다니며 각 기관들과 잘 소통해야 건강할 수 있다. 건강이 좋지 못할 때 가장 먼저 병원에 가서 혈액 검사를 한다. 혈액은 우리 몸 곳곳을 돌아다니며 산소를 운반하고 필요한 영양분을 보충해 준다. 그러나 혈액순환이 원활하지 못하면 산소와 영양소를 제대로 공급하지 못한다.

질병에 걸리지 않고 건강을 유지하려면 온몸의 혈관을 통해 혈액이 원활하게 흘러야 한다. 우리 몸에서 생기는 거의 모든 병은 혈액순환의 문제라고 해도 과언이 아니다. 혈액순환에 문제가 생기고 염증이 진행되면 몸에 상처가 나게 된다. 몸이 아픈 것도 혈액의 흐름이 원활하지 않아 생기는 문제다. 몸은 염증이 생기면 진통을 느끼게 된다. 혈액순환이 잘되어야지만 온몸 구석구석 영양소와 산소가 공급되어 면역세포의 활동이 활발해진다. 그래서 각종 세균들과 바이러스로부터 몸을 지켜낼 수 있는 것이다.

우리나라 사람들은 서구화된 식습관으로 예전보다 음식의 섭취량이 늘어났다. 이러한 음식들은 혈액 내 콜레스테롤, 포도당을 지나치게 높여 혈액의 점성을 높인다. 혈액 내 콜레스테롤이나 포도당이 지나치게 많아지면 혈액의 점성이 높아져 정상적인 기능을 잃어버리게 된다. 이로 인해 생리통, 두통 등 만성질환으로까지 이어진다. 예를 들어 어혈이 어깨관절 주위에 모여서 굳어지면 오십견이 된다. 혈액이 나빠지면 혈액을 통해서 만들어지는 세포와 조직 그리고 기관이 모인 몸이 제 기능을 하기 어렵다. 혈액순환이 되지 않으면 피로가 지속적으로 쌓이고 무기력해지며, 두통뿐만 아니라 집중력까지 떨어진다. 심한 경우에는 우울증 증상도 나타난다. 혈액순환은 우리 몸에서 생명작용의 가장 기본적인 일이다.

주부 S씨는 심장이 쿵쾅거리며 얼굴이 빨갛게 달아오르고 맥박이 빨라지는 것을 느꼈다. 그녀는 병원을 찾아 혈압 검사를 했다. 그 결과 혈압이 높아 고혈압 약을 처방받게 되었다. 그녀는 새벽마다 일어나서 아침밥 하는 것이 너무 힘들고 괴로웠다. 어느 때는 남편이 아이들의 아침식사 준비를 위해 그녀를 깨워보지만 일어나지 못했다. 그녀는 불면증으로 깊은 잠을 못 자기 때문에 새벽에 일어나는 일이 정말 힘들었다. 건강을 위해 운동을 하고 있지만 항상 마음이 불안하고 기운이 없었다.

그녀는 친구의 소개로 생식을 하루 한 끼 먹기 시작했다. 생식을 먹은 후 머리도 한결 맑아지고 얼굴은 물론 피부도 좋아졌다. 차츰 불면증도 사라지고 소화도 잘 되면서 체력이 좋아졌다. 항상 혈압 수치가 걱정이었는데 지금은 정상 수치로 회복되었다. 좋은 음식은 우리 몸을 구성하는 좋은 원료가 되어 에너지를 공급하고 체내 신진대사반응을 효과적으로 조절한다. 그러나 우리 몸에 적합하지 않은 음식들은 오히려 몸을 병들게 하는 원인이 된다.

몸에 건강한 음식이 들어오면 혈액이 맑아진다. 특히 녹황색 야채에 들어 있는 엽록소는 피를 맑게 해준다. 케일, 미나리, 양배추, 시금치, 쑥갓, 신선초와 같은 녹황색 야채를 많이 섭취하는 것이 청혈작용을 돕는다. 또한 과일 섭취 시 단일 과일보다 다양한 과일을 혼합하여 섭취했을 때 항산화 효능이 상승된다.

생식은 50여 가지의 식품이 혼합되어 있어 체내에 발생된 산화물들을 제거해 주는 효소가 풍부하다. 바로 활성자극제 및 소거제 역할을 하여 체내 항산화 능력을 증가시키는 데 도움을 준다. 건국

대학교 강상모 교수는 쥐 실험으로 생식이 혈중 콜레스테롤 및 중성지방의 함량을 낮춘다는 사실을 알아냈다. 그 결과 분변 중으로 배출되는 담즙산이 증가하여 체내 콜레스테롤의 배출 효과가 있는 것이다.

생식의 섭취는 고지혈증으로 증가된 동맥경화지수와 심혈관지수를 크게 낮추어 고지혈증의 개선 및 고지혈증으로 인한 심혈관계 질환의 발병률을 감소시킨다. 또한 각종 독소와 노폐물을 배출하고 해독하는 작용을 하는 간의 기능도 정상적으로 회복되어 순화작용과 해독작용이 활발히 진행된다.

만성피로에 시달리는 직장인 K 씨는 잠을 충분히 자도 피로가 풀리지 않았다. 또한 휴식을 취해도 무기력한 날이 많아 일상생활이 힘들었다. 그는 5년 전 당뇨 진단을 받고 매일 혈당강하제로 하루를 시작했다. 그는 주말에 누워 자는 것이 만성피로를 푸는 해결책이라고 여겼다. 그러나 점점 혈압이 상승하고 눈의 피로도 더해졌다. 그런데 직장 동료의 추천으로 생식을 알게 되어 꾸준히 먹었다. 그 결과 눈의 피로가 줄어들었고, 몸이 한결 가벼워졌음을 느꼈다.

우리가 먹은 음식은 몸의 대사체계에 의해 적절하게 분해되어 사용되거나 저장된다. 그런데 에너지와 영양원이 대사체계가 처리할 수 있는 한계를 넘어 과도하게 공급되면 몸 전체에 무리를 주게 된다. 이처럼 대사체계에 이상이 생기면 당뇨가 진행되고 지방대사에 이상이 생기면 고지혈증으로 진행된다.

대사증후군이란 만성적인 대사장애로 인하여 내당능장애, 고혈압, 고지혈증, 죽상동맥경화증과 같은 여러 가지 순환기질환이 나타나는 것을 의미한다. 대사증후군은 인슐린증후군이라고도 할 만큼 혈당 관리가 무엇보다 중요하다. 혈당이 높아지면 인슐린 분비가 증가하여 인슐린증후군이 나타날 가능성이 높아진다. 그래서 식사 때마다 혈당지수를 확인하는 것이 중요하다. 혈당지수가 높아지면 같은 양을 먹어도 혈당의 상승 수치와 폭이 커진다. 따라서 혈당 관리에 도움이 되는 저혈당지수 식품을 섭취해야 한다.

저혈당지수 식품으로는 현미, 귀리, 호밀과 같은 통 곡식이 대표적이며 같은 음식이라도 익히지 않은 음식이 익힌 음식에 비해서 혈당지수가 낮다. 생식은 55 이하의 저당지수 범위에 속한다. 그리고 생식의 식이섬유는 소장에서 다당류의 가수분해를 억제하며, 장내에서 단당류를 흡수 억제하여 혈당반응을 감소시킨다. 따라서 당뇨 환자가 섭취하기에 무리가 없는 것이며 대사증후군을 예방하고 관리하는 데 도움이 된다.

나는 40~60대의 한국 중년 남녀 중 15년 이상 혈당강하제를 복용하고 있는 당뇨 환자를 대상으로 생식에 의한 혈당개선 효과를 알아보았다.

실험 대상자들은 3개월 동안 생식을 섭취하면서 섭취 전과 섭취 후 4주, 8주, 12주에 병원에 내원하여 검진을 실시했다. 12주 동안 생식을 섭취한 제2형 당뇨 환자에게서 개선 효과가 있는 것으로 확인되었다. 또한 체지방을 감소시킴으로써 당뇨병의 원인이 되는 비만을 개선시켜 주어 혈압을 정상 수준으로 안정시켰다. 특히 당뇨 환자들의 당화혈색소 수치를 낮추어 당뇨병 개선에 도움이 되는 것을 확인했다. 한편 합병증으로 유발될 수 있는 대사증후군의 현상도 개선되었다. 이 연구를 통해서 생식의 섭취는 혈당을 조절해 비만과 관련된 대사증후군을 개선하는 것으로 확인되었다. 또한 당뇨병 환자에게 치료식으로서도 우수한 가치가 있는 것을 확인했다.

혈액순환은 건강의 가장 기본이다. 그러나 서구화된 식습관과 각종 인스턴트 음식의 섭취량이 많아지면서 혈액 내 점성이 높아졌다. 혈액 내 콜레스테롤이나 당분이 지나치게 많아 혈액의 점성이 높아지게 되면, 적혈구의 변형 능력이 감소되어 혈액순환이 어려워진다. 또한 혈소판의 기능이 떨어져 혈액 중 노폐물이 많은 상태가 된다.

혈액순환의 흐름이 원활하지 않을 때에는 고혈압, 고지혈증과 같은 대사성질환으로 진행하며 심지어 동맥경화, 뇌졸중으로 이어진다. 생식은 체내 항산화 능력을 증가시켜 순환기질환 개선에 도움이 된다. 또한 생식은 저당지수 식품으로 당뇨 환자가 섭취하기에 무리가 없어 병의 진행을 막는 데 도움이 된다. 몸이 소통되는 혈액 디톡스를 생식으로 시작해 보자.

4일 차_다이어트 디톡스
: 독하게 굶지 말고 건강하게 다이어트 하자

직장인 K 씨는 다가오는 여름을 맞이해 뱃살 빼기에 심혈을 기울이고 있다. 올해 봄에도 같은 목표를 세웠지만 원푸드 다이어트와 금식으로 무리한 다이어트를 시도했더니 작심삼일이 되었다. 그녀는 최근에 여름옷을 정리하다 작년에 구입했던 스키니진을 입어봤지만 허리가 맞지 않다며 이번에는 기필코 뱃살을 빼고 다이어트에 성공해 이 옷을 입을 것이라고 다짐했다.

살면서 한 번도 다이어트를 생각하지 않은 여성이 있을까? 해결하지 못한 과제처럼 누구나 가지고 있는 미션이 바로 다이어트다. 그러나 무작정 남들이 하는 다이어트를 따라 한다고 해서 결코 성공할 수 없다. 다이어트는 몸이 가장 편안하면서 건강까지 지킬 수 있는 방법이어야 한다. 다이어트를 한다고 할 때 가장 손쉽게 선택하는 것이 바로 굶는 방법이다. 그러나 굶는 것이 좋지 않다는 것은 누구나 경험으로 안다. 그렇다면 원푸드 다이어트는 어떨까? 최근에 유행하던 황제 다이어트도 일종의 원푸드 다이어트다. 황제 다이어트는 고기 위주의 식단으로 단백질만 섭취하는 방법이다. 그 외에도 바나나 다이어트, 토마토 다이어트, 레몬 다이어트와 같이 다이어트의 종류는 다양하다. 이러한 원푸드 다이어트는 몸에 특별히 해롭지 않지만 치명적인 문제가 있다.

한 가지 혹은 특정한 몇 가지 음식만 먹으니 당연히 영양의 균형이 깨지게 되어 몸의 항상성이 무너지는 것이다. 심지어 몸은 비상사태용 절전모드로 전환된다. 특정 음식만 지속적으로 섭취하게 되면 우리 몸에서는 그 영양소를 제외하고 나머지는 결핍현상으로 절전모드에 들어가게 된다. 그래서 나중에 음식을 골고루 섭취하게 되더라도 들어온 영양소를 제대로 소모하지 않는 사태가 벌어진다. 몸이 절전모드에 들어가게 되면 다시 회복하는 데는 엄청난 시간과 노력이 요구된다. 그 부작용이 바로 요요현상인 것이다. 잠깐 굶거나 원푸드를 통해 단기적으로 다이어트 하고, 나중에 다시 잘 먹으면 되겠지 하는 생각은 다이어트 실패의 지름길이며 건강까지 잃어버리게 될 수 있다.

　　개인택시를 운전하고 있는 54세 J 씨는 몸이 둔하다. 그는 활동하는 것을 좋아하지 않고 피부도 거칠하고 두껍다. 그는 스트레스를 받으면 머리도 무겁다고 했다. 그리고 지방간이 있어 피로도 쉽게 느낀다고 했다. 그는 아내의 권유로 하루 한 끼 생식을 먹기 시작했다. 늦잠을 자다 보면 아침을 거르기가 일쑤인데 생식으로 바꾸고 난 뒤 배변감이 좋아지고 피부도 눈에 띄게 좋아졌다. 요즘은 위가 줄어 조금이라도 과식하면 부담이 되고 자연스럽게 식사량도 줄어들었다. 아침을 꾸준히 생식으로 먹다 보니 뱃살이 빠져 몸무게 또한 줄었다. 스트레스로 인한 두통이 사라지자 체력도 좋아졌다. 그는 체력이 생긴 후 어떤 일이든 할 수 있다는 마음의 열정까지 얻었다.

　　건강한 다이어트의 출발점은 바로 해독이다. 체내에 독소와 노폐물이 많으면 세포가 병이 들어 재생이 느려질 뿐만 아니라 대사도 느려져 살이 쉽게 찐다. 그래서 독소 제거는 다이어트의 중요한 출발점이 된다. 독소는 대부분 지방에 축척되어 쉽게 몸 밖으로 배출되지 않는다. 또한 식사시간이 불규칙하면 우리 몸은 섭취한 음식물의 칼로리를 지방으로 전환시켜 저장해 놓는 능력이 매우 높다. 음식이 불규칙적으로 들어오니 몸은 비상사태라고 인지하고 에너지를 저장하는 것이다. 또한 저녁식사도 늦어지게 되면 악순환으로 이어진다. 그러나 생식의 다양한 파이토케미컬은 체내의 독소를 분해하며 건강한 다이어트를 도와준다. 주변에 보면 하루 세 끼를 꼬박

꼬박 먹고 간식까지 챙겨 먹는데도 날씬한 사람들이 있다. 바로 기초대사량이 높아서 먹는 음식을 빨리 태워 에너지를 만드는 것이다.

생식은 하루 한 끼의 열량이 160kcal이며 50여 가지의 천연 식물성 원료로 구성되었다. 천연의 미량영양소를 자연 그대로 함유하고 있어서 소식이지만 에너지 효율성이 높아 기초대사량을 올려주게 된다. 또한 천연의 식이섬유를 풍부하게 함유하고 있어 위장에 충분한 포만감을 주어 허기에 의한 식욕을 조절한다. 그리그 무엇보다도 자연의 원료로 구성된 식품이기 때문에 약물요법 다이어트보다 안전하다.

무작정 굶는 다이어트나 원푸드 다이어트는 단기간 체중 감량 효과가 빠르게 나타난다는 장점이 있다. 그러나 부작용을 일으키게 된다.

다이어트의 목적은 건강이 함께 동반되어야 한다. 급격하게 체중만 빼는 다이어트는 요요현상이 찾아올 뿐만 아니라 건강에도 위협이 된다. 체지방 감량으로 체중이 빠지도록 돕는 올바른 다이어트를 해야 한다. 그래서 다이어트를 할 때에는 체중계가 아닌 거울을 자주 보아야 한다. 비만의 척도는 체중이 아닌 체지방이기 때문이다. 거울을 자주 보라는 것은 신체의 윤곽이 먼저 날씬하게 바뀌는 것을 확인하라는 것이다.

요요현상 없는 건강한 다이어트를 위한 3가지 수칙이 있다.

첫째, 식사는 반드시 정해진 시간에 한다.

건강과 비만 예방을 위해 꼭 정해진 시간에 식사를 한다. 가장 좋은 방법은 식사일지를 작성하는 것이다. 매끼마다 음식의 종류와 복용량을 기록한다. 식사일지를 쓰다 보면 자신이 섭취하는 음식의 종류가 상당히 제한적이라는 사실을 깨닫게 된다. 그리고 식사 외 간식으로 섭취하는 음식까지 꼼꼼히 확인할 수 있기 때문에 건강한 식습관을 만드는 데 도움이 된다.(부록 272쪽 참고)

둘째, 간식을 피한다.

친구들과 어울리다 보면 피자, 햄버거, 떡볶이, 순대, 튀김과 같은 고칼로리 간식을 먹게 된다. 가능한 한 다이어트를 알리고 피하도록 한다. 집에 있는 주부라면 냉장고를 여닫는 기회가 많아지고 특별히 배가 고프지 않아도 입이 심심해서 이것저것 먹게 된다. 냉장고를 깨끗하게 비우자.

셋째, 운동을 한다.

처음부터 너무 강도 높은 운동을 하면 지치기 쉽다. 유산소 운동으로 30분 정도 달리거나 평소보다 빨리 걷는 습관을 갖는 것이 좋다. 활기찬 생활은 결과적으로 에너지 소모량을 늘릴 수 있는 기회가 된다. 무조건 굶기보다 제대로 먹으면서 건강을 지키고 살을 빼는 방법을 실천해야 한다.

비만은 들어오는 열량에 비해 소비하는 열량이 적기 때문에 나타나는 현상이다. 이로 인해 고혈압, 고지혈증, 지방간, 동맥경화, 당뇨병 등의 각종 대사성질환을 일으킬 수 있다. 생식은 지방간의 수치를 낮추며, 간독성지표인 AST, ALT, ALP에서 유의적인 감소를 보였다. 또한 콜레스테롤 및 중성지방의 함량을 낮추고, 인체에 유리한 HDL콜레스테롤의 함량은 증가시켜 비만 관리에 유익한 효능을 발휘하는 것으로 확인되었다.

무작정 굶는 다이어트나 원푸드 다이어트는 단기간 체중 감량 효과가 빠르게 나타난다. 그러나 이러한 다이어트는 요요현상이 찾아온다. 무조건 굶기보다 제대로 먹으면서 살을 빼야 한다.

건강한 다이어트의 출발점은 바로 해독이다. 생식의 다양한 파이토케미컬은 체내의 독소를 분해하며 건강한 다이어트를 도와준다. 생식은 소식이지만 에너지 효율성이 높아 기초대사량을 올려주고 체내의 독소와 노폐물을 배출하며 세포의 활력을 올려준다. 지금부터 '독하게 굶는 다이어트'가 아니라 '건강하고 탄력 있는 다이어트'를 시작해 보자.

5일 차_간 디톡스
: 간의 독기를 빼야 생기가 생긴다

　　남편은 어떻게 집에 찾아 왔는지조차 모를 만큼 과음을 했다. "엄마! 아빠 오늘 또 술 마시고 왔어요!"라며 아이들까지 야단법석이다. 나는 간이 안 좋은 남편 때문에 항상 노심초사다. 술을 마시면 피로가 더 누적되고 심한 두통과 현기증을 느끼게 마련이다. 그리고 다음 날이 되면 속이 쓰리고 뒷목까지 당긴다. 그러나 남편은 술자리도 사회생활이라며 마다할 수 없다고 한다.

　　직장인들이 술을 마시는 이유는 아주 다양하다. 잦은 야근이나 회식으로도 마시고 기분이 좋거나 나쁠 때도 마신다. 특히 중년의 가장들은 집과 회사를 오가며 눈코 뜰 새 없이 바쁜 하루를 보낸다. 아파도 아플 수 없는 가장들의 건강을 위협하는 신호는 바로 간의 피로다.

간의 피로가 누적되면 간세포에 지방이 쌓이게 되고 조직은 손상된다. 특히 간 대사의 일차적인 진행은 지방간이다. 지방간은 간염을 거쳐 간경변증으로 진행할 수 있기에 평상시 간 보호에 주의해야 한다. '간은 침묵의 장기다'라는 말처럼 70% 이상 손상이 있어도 자각 증상이 없다. 발견이 된 후에는 이미 질병이 진행 중이거나 심각한 상태이다.

간질환은 폭음, 과식, 흡연, 스트레스, 약물의 남용 등으로 발생한다. 스트레스를 견디며 묵묵히 일하는 장기가 바로 간이다. 간은 무리한 일에도 참고 또 참으며 일을 한다. 간 기능이 20% 정도 남겨질 때까지 망가져도 몸에서는 아무런 신호를 보내지 않는다. 간의 피로는 술을 마시지 않아도 지방간 또는 간염바이러스에 감염될 수 있기 때문에 누구도 예외란 없다.

간은 우리 몸의 핵심 장기다. 간은 위와 장에서 소화 흡수되는 영양분을 이용해 에너지를 만들고 신진대사를 조절한다. 간은 소화액인 담즙을 만들어서 지방을 분해한다. 간이 나쁘면 콜레스테롤 수치가 올라간다. 간은 알코올을 분해하며 몸속에 들어온 유해물질을 해독한다. 간에 있는 면역세포는 세균과 이물질을 제거한다. 그래서 간의 기능이 떨어지면 온갖 바이러스 질환에 약해진다.

간의 피로는 스트레스와 정신적 긴장, 무절제한 음주, 불균형한 음식 섭취, 약물 남용 등으로 발생하게 된다. 또 지나친 지방 음식이나 술 등도 간의 원활한 대사 기능을 방해한다. 지방이 축적된 상태를 지방간이라고 한다. 최근 영양 상태가 좋아지고 성인병이 늘어감에 따라 지방간 환자가 늘어났다. 우리 몸의 종합처리장인 간이 가동하지 않을 때 온몸에 힘이 빠지는 것은 당연한 일이다.

53세 K 씨는 남편 때문에 고민이 많다. 남편은 사업을 하다 보니 아무래도 시간이 규칙적이지 않다. 그래서 운동할 시간도 없이 회식과 술자리가 많다. 그녀의 남편은 키 174cm, 몸무게 91kg로 복부 비만이 심각했다. 1년 전 초음파 검사 때에는 지방간 진단을 받아 약물을 복용 중이다. 의사는 비만으로 인해 지방간이 진행된 것 같다며 다이어트를 권했다. 그런데 최근 혈액검사에서 AST 140 IU/L, ALT 204 IU/L로 높은 수치가 나왔다.

간 수치가 많이 상승해서 진맥도 잘하고 침도 잘 놓는다고 하는 한의원을 찾아가 한약을 처방받았다. 그런데 남편은 한약을 일주일 정도 먹고 입술이 마르고 목구멍이 답답하다며 호소했다. 그래서 가까운 병원에 가서 혈액검사를 다시 해 보니 남편의 간 수치는 더 높게 상승해 있었다.

간에 축적된 독성을 몸 밖으로 배출하지 못할 만큼 짧은 시간에 치명적인 손상을 입게 되었다. 남편의 얼굴은 점점 더 새까맣게 변하고 있었다. 곧 남편은 해독이 중요하다며 생식을 먹기 시작했다. 그는 생식을 먹은 후 점차 얼굴색이 좋아지기 시작했다. 간 수치도 점점 정상으로 회복되었다. 스스로 건강을 다시 회복했다는 사실에 만족해하면서 요즘은 아내가 챙겨주지 않아도 스스로 열심히 먹고 있다.

남성들이 특별히 신경 써야 할 것이 바로 간 건강이다. 과로한 업무와 잦은 술자리, 흡연 등은 간의 기능을 떨어뜨리고 각종 질병을 유발한다. 간이 안 좋을 때 나타나는 증상으로는 충분히 쉬어도 피곤이 가시지 않거나 배에 가스가 차고 소화가 안 되는 것들이 있다. 그러나 증상이 쉽게 나타나지 않기 때문에 각별히 신경을 써야 한다. 간이 무리가 되는 상황에서는 간을 최대한 쉬게 할 수 있는 먹을거리와 휴식이 중요하다.

몸을 보호하기 위해 복용했던 보약이 오히려 간에 부담을 주어 간 수치가 일시적으로 올라가게 되었다. 간이 피로하다는 것은 우리 몸의 노폐물과 해독을 처리하는 기능에 과부하가 걸려 있다는 증거다. 그래서 최대한 간을 쉬게 해야 한다. 체질량지수가 30 이상이면 간암 발병률도 3배 이상 높아진다. 습관적으로 과식을 하던 남아도는 에너지가 지방으로 저장되어 지방간이 되기 쉽다.

지방간 환자들을 대상으로 생식을 섭취했을 시 나타나는 지방간 개선효과를 실험해 보았다. 생식 섭취 전과 비교할 때 생식 섭취 후 체중 체질량지수, 체지방량 등이 모두 유의적으로 감소했으며 체내의 지방 함량이 크게 감소했다. 즉 지방간의 위험성을 낮춰 주었다.

결혼 10년 차인 주부 S 씨는 신혼시절부터 시부모님과 함께 생활했다. 결혼 후 그녀는 유교적인 시댁의 문화에 적응이 어려웠다. 그녀는 직장생활을 하며 잠시나마 집을 떠나 있는 것을 위안으로 삼았다. 그러나 자녀들이 태어나면서 다시 양육과 집안 살림을 도맡아야 했다. 그렇게 5년을 지내다 보니 간 수치가 오르락내리락 하며 활동성 경계를 보였다. 그리고 증상은 더욱 심해져 속이 쓰리고, 손과 얼굴에 근육 경련 현상이 일어났다. 검사 결과 그녀의 간 수치는 AST 100 IU/L, ALT 100 IU/L으로 진행되었다. 그 후 그녀는 생식을 하루 한 끼 간식으로 섭취하기 시작했다. 그리고 생식을 먹기 시작한 지 1년 뒤 다시 건강검진을 했다. 그 결과 거의 모든 수치가 정상 범위로 돌아왔다.

과로와 스트레스는 간 기능에 무리를 준다. 몸 안의 활성산소와 같은 해로운 물질을 쌓이게 한다. 활성산소는 간세포를 파괴해 간 건강에 이상을 초래한다. 간 기능을 회복하기 위해서는 활성산소를 제거하는 항산화 물질을 반드시 섭취해야 한다. 생식은 버섯류, 해조류의 셀레늄과 야채와 과일에 함유되어 있는 폴리페놀과 같은 항산화 효소들을 풍부하게 섭취할 수 있다.

'우리 몸이 천 냥이면 간은 구백 냥이다'라는 속담이 있다. 간은 우리 몸에서 가장 많은 일을 묵묵히 해내는 종합처리장이다. 간이 피로하다는 것은 우리 몸의 노폐물과 해독을 처리하는 기능에 과부하가 걸렸다는 증거다. 간의 피로는 스트레스와 정신적 긴장, 무절제한 음주, 불균형한 음식 섭취, 약물 남용, 과로 등이 간장에 부담을 줌으로써 발생하게 된다. 또 지나친 지방 음식이나 술 등도 간의 원활한 대사 기능을 방해한다. 간이 무리가 되는 상황에서는 간을 최대한 쉬게 할 수 있는 먹을거리와 휴식이 필요하다. 간이 지치면 피로로 나타난다. 더 이상 일을 못하겠다는 신호다. 간이 무너지면 우리의 생명작용도 잃어버리게 된다. 그래서 우리의 소중한 간을 잘 회복시켜야 한다. 간을 디톡스하기 위해서는 활성산소를 제거하는 항산화 물질들을 반드시 섭취해야 한다.

생식은 버섯류와 해조류의 셀레늄과 야채와 과일에 들어 있는 폴리페놀과 같은 항산화 성분들을 다양하게 섭취할 수 있다. 생식에 포함되는 항산화 성분들은 간의 피로를 회복해 주며 간세포를 보호한다. 피로를 달고 산다면 지금 바로 간의 독기를 빼고 생기를 충전해 보자.

6일 차_피부 디톡스
: 피부 미인으로 승부하라

"어제 밤잠을 제대로 못 주무셨어요?", "요즘 스트레스가 많으신가 봐요?" 우리는 만나면 서로 얼굴을 보며 안부를 묻는다. 얼굴만 봐도 상대방의 최근 근황을 짐작해내는 것이다. 얼굴을 통해 상대방의 건강 상태를 읽을 수도 있고 나이를 짐작하기도 한다. 피부는 우리 몸의 오장육부를 비춰주는 거울이다. 혈색이나 다크서클과 같은 현상으로 건강 상태가 그대로 드러난다.

피부 미인이 되는 데 방해가 되는 요소들은 무엇보다도 기미, 주근깨, 여드름, 주름과 같은 것이다. 이러한 현상은 몸 안의 상태를 보여주기 때문에 약물 치료 이전에 근본적인 원인을 찾아야 한다. 서구화된 식생활과 고열량의 식사로 인한 비만의 문제와 대기오염의 영향으로 인한 자외선 그리고 피부자극 요인들의 증가로 인해 피부가 손상된다. 수면이 부족하거나 위장 상태가 좋지 못하여 영양이 부족한 상태가 되면 피부의 건강을 쉽게 잃어버리게 된다. 아무리 좋은 화장품일지라도 절대로 피부가 좋아질 수 없다.

나는 15년간 환자들의 식이영양 상담을 했다. 환자의 건강 상태가 어떠한지 얼굴과 손을 보면 지금 어디가 불편한지 짐작이 간다. 얼굴에 건강 상태가 보이기 때문이다. 간이 안 좋은 경우 혈색이 푸른색이 되는데 안구 충혈, 냉증, 요통과 같은 증상이 따라온다. 이럴 땐 규칙적인 식사와 함께 녹색 채소를 섭취할 것을 권장한다. 심장이 좋지 않으면 붉은 혈색이 되는데 가슴이 답답해지고, 손바닥 가운데 열이 발생하며, 입이 마른다. 또한 위가 좋지 않으면 얼굴과 손바닥에 누런빛이 도는데 보통 잦은 트림을 하거나 소화가 약하고 변비로 고생하게 된다. 폐 기능이 좋지 않으면 얼굴이 창백해 보이며 재채기가 잦고 어깨와 등이 뻣뻣하다.

10년 동안 앓았던 피부 알레르기를 고쳤다는 J 씨는 삼시 세끼를 생식으로만 먹는다. 그녀는 생식을 복용하면서 그동안 앓고 있던 알레르기질환이 사라졌으며 피부 건강 미인으로 살게 되었다. 그녀는 생식 요리 전문가로 거듭나 제2의 인생을 살고 있다.

피부를 생기 있고 활력 있게 만드는 것은 항산화 작용이다. 생식은 노화를 방지하고 동안을 유지하며 피부를 촉촉하게 만들어 준다. 그 이유는 생식이 우리의 몸속부터 관리해 주기 때문이다. '이롬 생명과학연구원'에서는 현대인들에 있어서 중요한 인자로 자리 잡고 있는 미용 개선 기능과 다이어트 기능, 피부미용 기능에 미치는 생식의 효능을 연구했다.

생식은 피부미용적인 측면에서 미백, 피부세포, 재생을 촉진하고 염증을 억제하는 효과가 있었다. 또한 피부의 색소 침착의 원인인 멜라민의 합성량을 줄여주고, 염증과 관련된 호르몬 분비를 억제시켰다. 생식 섭취로 다이어트는 물론이며 피부 트러블 개선을 통해 건강한 피부를 유지시켜 주었다.

나는 생식을 처음 먹는 사람들에게 반드시 자신의 얼굴 사진을 꼭 찍어 놓으라고 말한다. 어느 누구든지 생식을 섭취하기 전과 섭취 후의 혈색과 표정이 확실하게 달라지기 때문이다. "요즘 좋은 일 있으세요?", "피부가 맑아지셨어요. 피부마사지 받으세요? 저도 좀 소개 시켜주세요", "기미가 많이 사라지셨어요. 혹시 피부과 다니세요?"라는 말을 적지 않게 듣게 된다. 건강이 회복되면 피부 상태를 통해 자신보다 주변 사람들이 먼저 알아본다.

나는 생식을 섭취하면서 가장 많은 효과를 보았던 곳이 바로 피부 건강이다. 평소 대기가 건조한 봄과 가을이 되면 각질이 하얀 눈

가루처럼 떨어지는 악건성 피부였다. 또한 민감성 피부이기 때문에 햇빛에 노출이 되면 기미가 잔뜩 올라오는 것이 콤플렉스였다. 특히 대중들 앞에서 세미나를 하거나 환자들의 영양 상담을 할 때는 화장이 아니라 변장의 기술이 필요할 정도였다. 그런데 생식을 섭취하고 나서부터는 기미가 서서히 사라졌다. 그리고 심각한 악건성 피부도 회복되면서 피부가 촉촉해졌다. 옆에서 지켜본 남편은 나의 피부가 아기 피부처럼 새롭게 태어난 것 같다고 했다. 친구들은 나의 촉촉하고 맑아진 피부를 보며 정기적으로 피부 마사지를 받는 줄 알았다고 한다. 비단 피부만 좋아진 것이 아니었다. 이 같은 현상은 내 안의 장기들이 다시 회복이 되고 있다는 신호였다.

어느 날 휴가를 나온 군인을 만났다. 그는 18개월째 군복무 중이었다. 입대 후 좋아하지도 않는 과자, 음료수, 햄버거를 간식 삼아 먹으며 훈련 도중 허기진 배를 채웠다고 했다. 그러고 나니 이제는 이런 가공 음식 때문에 체질이 바뀌었다고 속상해했다. 항상 피부가 가렵고 알레르기 비염도 생겼으며 머리는 무거웠다. 이미 얼굴에 난 여드름은 점점 흉터로 자리 잡았다. 그는 예전에 학교를 다닐 때 엄마가 생식을 아침대용식으로 챙겨주었던 것이 생각이 났다고 했다. 그래서 생식을 받아 먹기 시작했다고 말했다. 그러자 몸에서 작은 변화들이 일어나기 시작했다. 체내에 쌓였던 노폐물이 빠져나갔고, 변비도 없어졌다. 변비가 사라지자 피부 트러블도 진정되었고,

알레르기 비염까지 사라졌다고 했다.

그는 군대에서 생식 마니아가 되었다. 그는 생식이야말로 훈련 중에라도 먹을 수 있는 맞춤형 식사라고 말했다. 특히 과일과 야채 섭취가 부족하기 마련인 군인들에게 큰 도움이 된다며 군대에서 생식을 홍보하고 있었다.

식품첨가제가 듬뿍 담겨 있는 식품들의 섭취는 인체 내부에 다양한 독소 물질로 저장된다. 특히 장운동이 원활하지 않으면 변이 장내에 오래 머물러 있게 되어 나쁜 세균이 증가한다. 이로 인한 유해물질과 부패 산물이 많아지고 인체 내로의 흡수도 증가하게 된다. 이런 유해물의 흡수는 피부 트러블이나 여드름 발생률을 높인다. 게다가 장운동이 원활하지 않으면 자율신경계 균형이 깨지면서 혈액의 흐름이 나빠지고 장운동의 둔화도 더욱 심각해진다. 변비가 오래되면 복부가 팽만해지고, 가슴이 답답하며 트림이 나오고 아민, 페놀, 암모니아와 같은 독가스 양도 증가하게 된다. 이로 인해 피부 염증 등 다양한 피부질환을 유도하게 된다.

예로부터 음식은 피부와 밀접한 관계가 있다. 벌에 쏘이거나 뱀에 물렸을 때, 화상을 입었을 때 된장을 발라 치료를 하거나 여러 재료를 이용해 팩을 만들어 사용해왔다. 이처럼 먹는 것을 통해 피부를 가꾸기도 하고 피부에 좋지 않은 음식은 피하기도 했다. 명품 화장품보다 명품 먹을거리로 몸속의 건강 시스템을 바꾸어야 한다.

몸에 쌓여 있는 독소들을 청소함으로 피부의 트러블을 해결하면 피
부 디톡스는 저절로 이루어진다.

7일 차_면역 디톡스
: 내 몸의 방어전선, 면역력을 지켜라!

아토피와 알레르기 비염으로 고생하고 있는 모녀를 만났다. 중학교 2학년인 딸은 어릴 때부터 아토피를 앓아 왔다. 그런데 요즘 들어 그 증상이 더욱 심해졌다고 했다. 특히 밤이 되면 너무 가려워서 팔을 긁는다고 했다. 병원을 다닐 때는 증상이 호전되는 것 같지만, 가지 않으면 바로 가려워진다고 했다.

엄마 P 씨는 만성 알레르기 비염 환자다. 환절기만 되면 증상이 심해진다. 하루 종일 코가 근질근질한 것을 시작으로 생활이 불편해 스트레스를 받는다고 했다. 심지어 콧속 점막이 부어 있어 음식을 할 때 냄새를 잘 맡지 못한다고 했다.

아토피가 발병하는 근본적인 원인은 체내로 유입되는 독소 물질과 면역 시스템의 교란 때문이다. 자극적인 식습관, 환경오염, 스트레스, 피로에 지속적으로 노출되면 항상성을 유지시키는 면역 시스템이 혼란에 빠지게 된다. 이런 경우 체내 기능 및 순환에 문제가 생겨 피부면역에까지 영향을 준다.

아토피는 단순한 피부질환이 아니다. 아토피가 장기적으로 진행되면 만성질환으로 이어지기 쉽다. 이와 같이 알레르기 비염은 코점막을 자극하는 물질에 대한 과민반응으로 점막에 염증이 생기게 된다. 코가 막히거나 콧물이 흐르고 재채기에 시달리는 시간이 장기적으로 지속된다. 일교차가 심한 환절기에는 여기저기서 콧물을 훌쩍거린다. 특히 쉴 새 없이 흐르는 콧물을 닦느라 콧속 점막과 피부가 약해지고 염증으로 점막이 부어 일상생활에 지장이 많다.

환절기에는 알레르기 비염뿐만 아니라 결막염, 피부염, 천식과 같은 면역과민 환자가 늘어난다. 이러한 질환은 체내의 면역 균형이 깨져서 나타나는 증상들이다. 21세기 우리는 총과 칼의 싸움이 아닌 보이지 않는 바이러스와 전쟁을 하고 있다. 항상성이 무너져 면역 시스템에 교란이 오면 면역질환에 노출되어 사스, 메르스와 같은 변종 바이러스로 생명을 위협받는다.

대문이 열려 있으면 언제든지 도둑이 들어올 수 있듯이 몸의 방어전선도 제대로 무장해야 한다. 바로 면역체계가 무너지지 않도록 재정비를 해야 하는 것이다. 모든 질병의 근본 원인은 면역 밸런스가 무너졌기 때문이다. 면역력은 정상 세포와 바이러스 등의 비정상 세포를 구별하여 공격한다.

TV 방송 프로그램에서 면역력에 좋은 대표적인 음식들을 각 연령대별로 섭취하게 해 몸의 변화를 관찰하는 실험을 했다. 40대는 채소와 과일을 섭취했으며 50대는 생식을 먹으며 일상생활을 했다. 10일간의 실험 후 혈액 검사를 통해 활성산소, 항산화력, NK세포 수치 결과를 측정했다. 실험 결과 생식을 섭취한 50대 여성이 가장 높은 면역 수치를 나타냈다.

생식은 곡류, 채소류, 버섯류, 해조류 등 50여 가지가 넘는 다양한 원료를 사용해 서로 시너지 효과를 낸다. 이 실험을 통해 다양하게 섭취하는 식생활의 중요성이 확인되었다.

면역력을 높이기 위해서는 먼저 올바른 영양 균형이 필요하다. 생식은 천연뷔페식사이며 면역밥상이다. 생식은 영양 균형을 갖춘 대표적인 칼로리 제한식이자 저당지수 식품이다. 세포대사 과정에서 발생하는 독소를 줄일 뿐만 아니라 해독 기능을 활성화시킨다. 또한 세포가 필요로 하는 미량 식물영양소가 풍부해 세포활성화에 도움을 준다.

생식은 대표적인 저칼로리 식단으로 몸에 흡수되는 양을 적게 먹으면 그동안 노폐물로 쌓여 있던 것을 가져다 사용한다. 몸은 세포에서 불필요한 부분을 제거하거나 손상된 세포나 조직을 제거하는 자가포식 능력을 가지고 있다. 이 능력은 염증이 만성적으로 진행하는 것을 예방하며 치유를 촉진한다. 그런데 혈중 인슐린 농도가 상승하면 자가포식 작용이 멈추게 된다. 특히 과식을 할 경우 인슐린 분비가 증가해 자가포식 작용이 중단된다. 그래서 평소에 인슐린 분비를 필요 이상으로 촉진할 수 있는 단순당과 인슐린 저항성을 유발할 수 있는 지방 섭취를 줄이는 것이 중요하다. 이 과정에서 원활한 해독 효과가 나타나고 대사 활동이 활발해지며 우리 몸의 항상성이 유지된다.

생식 섭취는 장내 면역 강화와 더불어 염증반응을 완화시킴으로써 염증성 대장염을 개선한다. 즉 장 면역을 유지하는 데 도움을 준다. 암 환자들은 항암 치료 중 다른 부위로 전이되었을 가능성이 존재한다. 그래서 수술이나 방사선으로 암을 제거했더라도 항암제 치료를 병행한다. 항암제는 정상 세포에 비해서 분열과 성장 속도가 매우 빠른 암 세포만을 찾아내 공격하게 만든 약물이다. 그래서 암세포가 아닌 점막세포, 모근세포, 조혈세포 등 인체 내에서 분열과 성장이 빠른 정상 세포들까지 공격하는 부작용이 나타난다.

생식은 암을 치료하는 데 있어서 간독성 및 보혈모세포 기능 저하의 부작용을 완화시키며 항암 치료에서 나타나는 부작용을 완화시킨다.

건강에 해로운 음식을 아주 조금이라도 먹으면 유전자에 큰 변화를 일으킨다. 이것이 신체 생리와 건강에 부정적인 영향을 미칠 수 있는 사실이 연구되었다.

생물학 권위지 〈셀(Cell)〉지에서는 2013년 미국 매사추세츠 의대 과학자들의 연구 결과를 발표했다. 이 연구는 예쁜꼬마선충 실험을 통해 먹이의 차이가 유전자 발현에 큰 차이를 일으킨다는 사실을 밝혔다. 한쪽 예쁜꼬마선충 집단에는 자연의 먹이인 코마모나스 균을 주었고, 다른 집단에는 실험실 표준먹이인 E. 콜라이 균을 먹였다. 그 결과 후자의 경우 전자에 비해 발육이 빠르지만 전자보다 자손이 적고 수명이 짧았다.

이 실험은 한 가지 놀라운 사실을 보여주었다. 한 집단에 주로 E. 콜라이균 먹이를 주면서 코마모나스 균을 소량 섞어 주자 유전자 발현과 생리에 긍정적인 변화를 나타낸 것이다. 건강에 이롭지 않은 음식이라도 건강에 좋은 음식을 섞어 먹으면 유전자에 이로운 변화를 이끌어 낼 수 있다.

환경오염, 스트레스, 피로, 자극적인 식습관, 음주, 흡연에 지속적으로 노출되면 우리 몸의 항상성을 유지시키는 면역 시스템이 혼란에 빠진다. 아토피와 알레르기 비염이 발병하는 근본 원인은 체내로 유입되는 독소 물질과 면역시스템의 교란에서 찾을 수 있다.

몸을 정화시키고 면역력을 키우는 것이 가장 중요하다. 바로 우리 몸의 방어전선, 즉 면역력을 키워야 한다. 과학이 밝혀내지 못한 식물 영양소들은 무궁무진하다. 한 가지 식품에서 비타민 C만 추출해서 먹는다고 건강해지지 않는다. 아직 식물성 화학 작용을 과학이 밝혀내지 못했다. 그래서 전체를 먹어야 한다. 생식은 다양한 원료와 통곡식으로 구성된 통합식품이다. 생식은 영양 균형을 갖추어 독소의 해독 기능을 활성화시키며 세포 활성화에 도움을 준다. 생식은 통곡식류, 채소류, 버섯류, 해조류 등으로 차려진 천연뷔페식사로 단시간 내에 면역력 강화에 도움을 주는 면역 밥상이다.

CHAPTER 5

건강한
식습관이
내 몸을
살린다

밥상이 가벼워지면
몸이 가벼워진다

상춧잎 한 장에 밥과 함께 강된장을 곁들이고 무청시래기와 호박고지를 즐겨 먹었던 시골밥상이 생각이 난다. 시골 할머니 댁에 가면 자연이 담긴 건강한 한 끼 식사를 한다. 푸짐하게 먹은 것 같으나 위장에 부담이 없어 몸이 가볍다. 뒷밭에 가면 흙 향기 가득한 싱싱한 고추와 치커리를 바로 뜯어 먹을 수 있고, 출출해지면 생고구마도 잘라 먹었다.

요즘은 대형마트에 가면 무엇이든 손쉽게 구입할 수 있다. 생선, 과일, 야채와 같은 농산물도 판매를 하기 때문에 장을 보는 데 전혀 불편함이 없다. 특히 아이가 있는 주부나 젊은 부부들은 키즈 카페, 대형완구점, 문화센터 등이 있어서 문화적인 해택도 함께 누릴 수 있다.

직장 여성들도 퇴근 후에 느긋하게 장을 볼 수 있고 쇼핑도 할 수 있다. 요즘은 24시간 운영하는 마트들도 등장했다. 심지어 온라인 마트에서는 물건을 주문하면 원하는 날짜에 배송 서비스까지 해준다. 그리고 마트에서 깜짝 이벤트라도 하는 날이면 필요 이상으로 식품을 구매하기도 한다. 다 먹지 못하고 버려지는 음식들이 냉장고에 저장되는 것이다. 사실 대형마트는 편리하지만 결국 버리는 음식들이 많아지게 하는 원인이 되기도 하고, 신선도도 재래시장만큼 보장할 수 없다.

K 씨는 대형 마트에서 근무 중이다. 마트에서 근무를 하다 보니 항상 신제품을 자주 접하게 된다. 그렇다 보니 아직 미혼인 아들 생각이 나 조리하기 쉬운 가공식품 위주로 구매한다. 그러던 어느 날 대기업 취업을 준비하던 아들이 건강검진 결과 간 수치가 132 IU/L가 나왔다. 물론 건강상의 이유로 서류 면접에서 떨어지고 말았다. 아들이 비상시 먹을 수 있도록 준비한 간식들이 오히려 간 수치를 올린 것이 되어 아들에게 죄책감이 든다고 말했다.

음식을 통해 몸속으로 유입되는 잔류농약과 식품첨가물, 환경호르몬은 질병을 일으키는 원인이 된다. 식품회사 중견간부였던 안병수 씨는 《과자, 내 아이를 해치는 달콤한 유혹》을 통해 과자를 비롯한 가공식품에 대한 양심선언을 했다.

그는 신제품 과자를 개발하는 일을 하며 과자를 즐겨 먹었다. 과자 만드는 일을 보람으로 여기며 회사를 경영하던 임원이었다. 그러나 어느 날부터 서서히 피로가 쌓이면서 결국 암 세포가 자라게 되었고 암 진단 후 회사로부터 냉정하게 외면당했다. 새로운 과자를 개발하며 충성을 다했던 그가 바로 가장 큰 희생자가 된 것이다. 그는 자신과 같은 피해자가 늘어나지 않도록 세상의 가공식품의 유해성에 대해 알리기 시작했다.

우리의 밥상을 살펴보자. 식품을 생산한 재배지에서 밥상까지의 이동 거리가 멀면 멀수록 그 속에 들어 있는 비타민이나 여러 가지 생리 활성 성분의 양이 감소하게 된다. 똑같은 과일이라도 장기간의 유통기간을 거쳐 식탁에 오르면 금방 밭에서 따온 것과는 전혀 다른 과일이 된다.

현재 우리의 식탁에서 쌀 소비량은 줄어드는 반면 고기 소비량은 늘고 있다. 고기를 먹어야 든든하다고 생각하기 때문이다. 고기의 소비는 대량 생산을 유도하게 되고 소비자의 수요를 맞추기 위해서는 빠른 성장을 유도할 수밖에 없다. 그래서 항생제, 성장촉진제, 화학 사료를 동물에게 써가며 소비 흐름을 맞춘다. 여기어 음식을 포장하는 비닐, 플라스틱 그릇 등에도 독소는 들어 있다. 결국 외부에서 들어오는 독소로 밥상은 점점 무거워지고 있는 것이다.

《나를 살린 자연식 밥상》의 저자 김옥경 씨는 직장암 말기 선고를 받은 남편을 위해 도시의 생활을 접고 산중으로 들어갔다. 매일 고기만 먹던 사람이 채식을 시작하기란 쉽지 않았다. 그러나 남편은 목숨을 걸고 자연식을 섭취하며 끝내 암을 완치했다. 배고픔을 달래기만 하는 식사가 아닌 몸을 살리는 건강한 식사를 해야 한다고 생각했기 때문이다. 자연적으로 발생하는 식물은 척박한 환경에서 살아야 하기 때문에 생명력이 강하다. 토양 자체의 영양소로 자라는 나물들은 약이 되는 식물들이다. 그러나 우리는 장거리 이동으로 운송된 먹을거리를 선택하고 있을 뿐만 아니라 가공식품의 편리함에 익숙해져 있다.

사실 우리가 섭취하고 있는 식품들은 온갖 첨가제로 범벅이 되어 입 안으로 들어온다. 심지어 냉장고에 한 달 동안 보관되었던 감자와 브로콜리, 호박과 같은 자연 식품들은 시들지도 않는다.

만약 당신이 가공식품으로부터 스스로 빠져나오기 힘들다면 010. 7133. 8366으로 문자를 보내 보라. 당신이 자연의 법칙에 맞추어 살 수 있도록 기꺼이 도와줄 것이다.

자신도 모르게 쌓이고 있는 독소로부터 벗어나 부족해진 영양소를 보충하고 질병을 이기기 위한 자연식을 먹어야 한다. 우리가 자연으로부터 멀어지면 건강도 우리에게서 멀어진다.

《선재 스님의 이야기로 버무린 사찰음식》의 저자인 선재 스님은 간경화 환자였다. 그는 젊은 시절부터 불규칙한 식사는 물론이며 빵과 라면을 거의 주식으로 섭취했다. 게다가 새로운 절을 짓는 일까지 진행하면서 과로로 건강을 잃었다.

가족력을 가지고 있었던 그는 결국 간경화에서 간암으로 진행되었다. 그는 걸어 다니기 힘들 정도로 급격하게 허약해졌고, 향냄새조차도 맡을 수가 없었다. 그리고 의사로부터 일 년을 넘기기가 어렵겠다는 통보를 받았다. 그러나 그는 자연식을 통해 간 기능을 개선할 수도 있을 것이라는 희망을 놓지 않았다. 자연식이 곧 사찰 음식이었다. 그는 식단을 바꾸고 식습관을 바꾼 후 망가졌던 간을 일 년 만에 다시 회복할 수 있었다. 그는 자신의 경험을 바탕으로 ‘한국전통사찰음식문화연구소'를 설립하여 사람들에게 사찰 음식의 효능을 알리고 있다.

사찰 음식은 살생을 금하고 오로지 자연의 법칙에 따라 먹을거리를 섭취하는 것을 기본 원칙으로 삼는다. 그러나 우리는 갖은 양념을 사용해서 더 자극적으로 음식을 조리한다. 기름에 튀기고 볶는 조리 방식을 많이 쓰는 탓에 고열량, 고지방 음식을 섭취하게 된다. 또한 김치와 젓갈, 장아찌와 같은 절인 식품을 좋아하고 설탕, 꿀과 같은 당분의 섭취를 즐긴다. 그래서 찾아오는 병으로 몸은 고통받는다. 질병이 있다고 반드시 약을 복용해야 하는 것도 아니고 약을 복용했다고 해서 질병이 낫는 것도 아니다. 가벼운 밥상으로 돌아갈 때 몸도 질병으로부터 멀어질 수 있다.

　이제는 화려한 첨가제의 옷을 벗고 자연 그대로의 식품을 느껴야 한다. 자연식의 섭취를 늘리면 체내의 면역력을 높일 수 있다.

　식품을 생산한 재배지에서 밥상까지의 이동 거리가 멀면 멀수록 더 많은 식품첨가물을 넣어 식품을 보존해야 한다. 또한 소비가 증가할수록 대량 생산으로 이어지기 때문에 더 많은 방부제와 첨가물을 써야 한다. 특히 맛있는 음식을 찾아다니며 외식을 즐긴다면 첨가제의 유해성에서 벗어나기가 어렵다. 입에서 단 음식에는 분명한 이유가 있다. 생식은 조리되지 않은 자연 밥상이며 첨가제가 들어가지 않은 단순하고 소박한 먹을거리다.

　몸은 무거워진 밥상을 해독하기 위해 더 많은 일을 해야 한다. 그래서 해독에 필요한 효소를 생산하기 위해 더 많은 양을 원하게 된다. 그러나 생식을 할 경우 소식을 할 수 있으며 미량원소의 섭취로 화식을 하는 경우보다 더 건강한 삶을 누릴 수 있다.

　사찰 음식은 소박하고 단순하지만 몸에 부담을 주지 않고 오히려 몸을 가볍게 만드는 건강식이다. 생식은 스님들이 건강을 위해 즐겨 먹던 먹을거리로 시작되었다. 사찰 음식을 먹을 수 없다면 하루 한 끼 생식을 통해 몸을 가볍게 만들어 보자. 화려한 조리를 피하고 단순하게 소박한 식사가 건강식이다. 가벼운 밥상으로 돌아갈 때 몸도 가벼워질 수 있다.

당장 가볍게 먹기로
결정하라

　법정 스님은 "무소유란 아무것도 갖지 않는다는 것이 아니라 불필요한 것을 갖지 않는다는 뜻이다. 우리가 선택한 맑은 가난은 부보다 훨씬 값지고 고귀한 것이다."라는 명언을 남겼다.

　우리의 삶은 소유의 연속이다. 남들보다 더 많은 것을 소유하기 위해 끊임없이 싸운다. 그리고 미래에 대한 두려움으로 잠을 못 이루며 자신을 남과 비교한다. 그리고 자신이 가지고 있는 소유물이 넘칠지라도 더 소유하려고 한다.

　소유는 사람의 마음과 눈을 멀게 한다. 그저 하나라도 채우고자 하는 일념으로 하루하루를 열심히 살아간다. 그러나 결국 이러한 생각과 행동이 몸과 마음에 상처를 준다. 건강하게 사는 비결은 무엇일까? 바로 비움에 있다.

　나는 6개월 선고를 받은 유방암 말기 환자를 만났다. 그녀는 자신이 건강해질 수 없다고 판단하여 물건들을 정리하기 시작했다. 먼저 집 안에 있는 가구와 애장품을 정리했다. 그녀는 집안의 물건들을 정리하며 생각도 정리했다. 스스로 내려놓을 것을 내려놓은 것이다. 그리고 자연적이지 않은 모든 물건은 다 없앴다.

　그리고 그녀는 자연식 식생활을 하며 예전에 느끼지 못했던 혀 끝의 입맛을 다시 찾았다. 덕분에 7년이 지난 지금도 건강하게 살고 있다. 자신의 모든 소유를 내려놓고 비우는 생활습관과 식습관으로 그녀의 수명은 연장되었다. 그녀는 생각을 비우고 욕심을 버리니 건강이 찾아왔다고 말했다.

　몸이 좋지 않으면 입맛이 뚝 떨어진다. 건강할 때는 어떤 음식이라도 소화할 수 있지만 몸이 아프면 산해진미가 눈앞에 있어도 부담스럽다. 오히려 소박한 밥상이 그리워진다. 이것이 생존의 법칙이자 자연의 법칙이다. 야생동물들이 자신의 몸을 치유하기 위해 금식하고, 충분히 쉬는 행동을 하듯이 사람도 몸이 아프면 먹지 말고, 충분히 쉬는 것이 회복에 집중하는 최고의 방법이다. 몸은 생존에 대한 스트레스를 덜 받아야 생명력과 면역력이 올라간다.

　연구소 후배인 H 씨는 채식주의자다. 대학에 들어간 뒤 자취생활로 인해 불규칙한 생활과 음주, 식습관 때문에 몸이 급격히 나빠졌다. 평소 고기를 즐기던 그는 한의사의 조언으로 채식을 시작했다. 그는 평소 고기를 먹지 않으면 허전하다고 생각했는데 채식을 시작한 후 서서히 입맛이 바뀌었다. 그리고 채식을 섭취한 이후 두통과 근육통이 사라지면서 체력까지 좋아졌다.

이제는 주변에서 생식을 섭취하는 사람들을 종종 볼 수 있다. 그들은 뿌리채소와 잎채소를 골고루 섞어 먹기도 하며 효소를 이용한 음식들을 먹기도 한다. 채소는 옥상 텃밭에서 직접 가꾸고 스테이크 대신 두부를 먹는다. 먹을거리가 풍부한 시대이지만 이제 더 이상 배만 채우는 먹거리가 아닌 건강과 마음까지 풍성하게 채워 줄 음식을 찾는다.

화학물질로부터 자유로운 유기농 생채식이야말로 최고의 보약이다. 지금은 우리의 밥상에 올라오는 채소가 더 이상 배고픔을 상징하지 않는다. 오히려 약초로 여겨지는 시대다. 채소가 가지고 있는 식이섬유의 섭취량만 늘려도 면역기능이 높아진다. 식이섬유는 만병의 원인인 장을 비울 수 있기 때문이다.

H 씨 같은 식생활을 가지고 있는 사람들을 '뉴밀(New-meal)족'이라고 한다. '뉴밀족'이란 자신의 건강을 위해 체내에 축적된 독소를 제거하는 디톡스 식사를 즐기는 사람들을 일컫는다. 또한 기존에 익히지 않은 음식과 설탕, 소금을 뺀 음식을 먹는 방법과 달리 새로운 조리법을 추구하는 사람들을 말한다. 이들은 다이어트를

위해서 또는 질병을 치유하기 위해서 남들과 다른 식생활을 한다.

TV 방송 프로그램 SBS스페셜 〈설탕전쟁〉에서는 당 중독 참가자들을 대상으로 무설탕 라이프를 시작했다. 실험 4주 차가 지난 후 참가자들의 입맛이 달라지고 있었다. 그들은 단 음식을 끊어보니 자연이 가지고 있는 감칠맛을 느낄 수 있다고 말했다.

방송인 남희석 씨는 설탕과의 전쟁을 선포했다. 그는 과자와 음료수를 습관적으로 먹는 딸 때문에 걱정이다. 그래서 온 가족의 건강을 위해 자연식을 결심한 것이다. 심지어 외식을 할 경우 무설탕 음식을 요리하는 셰프의 식당으로 찾아갔다. 요즘은 이런 트렌드에 맞추어 뉴밀족을 겨냥한 웰빙 식당들도 앞다투어 늘어나고 있다.

과거와 다르게 뉴밀족은 '왜 이렇게 입맛이 까다로워?', '유별난 사람이네'라는 차가운 시선보다는 자기 관리를 잘하는 이미지로 바뀌고 있다. 오히려 뉴밀족이 건강한 식탁문화에 새로운 바람을 불러일으키고 있다.

우리는 항상 많이 먹어서 늘어난 허리둘레를 보고 후회한다. 무엇보다도 적게 먹는 것이 건강을 지키는 방법이다. 그러나 갑작스러운 식생활의 변화는 오히려 요요현상을 부르며 건강에 해를 끼치는 지름길이다. 음식을 통해 외부에서 들어오는 화학물질과 유해성분으로 소화 흡수력이 떨어지고 식품의 독소가 누적되어 병이 찾아온다. 절제하지 않고 먹는 음식들은 체내에서 부패하여 독소를 유발하고 영양의 불균형을 초래하여 여러 가지 질병을 일으키는 것이다. 그러나 소식은 우리 몸의 독소를 해독하며 항상성을 회복시키는 식사다.

냉장고를 가득 채운 반찬들을 보면서 조급해하지 말고 천천히 여유를 가지고 해결해야 한다. 어차피 한 번에 다 먹어야 한다는 부담감을 버려야 한다. 머리에서 그만 먹으라고 신호를 보내도 어느새 밥 한 공기를 더 먹고 있을 때가 있다. 약간 아쉬울 때 순가락을 내려놓아야 하는데 잘 지켜지지 않는다. 항상 든든한 포만감의 행복감에 빠져 있어 당장 가볍게 먹기가 어렵다. 이런 경우 순가락과 밥공기 사이즈를 줄여보자. 이왕이면 어린이 밥공기가 안성맞춤이다. 보통 때보다 두 순가락 정도 적게 밥을 담게 되니 오히려 반찬을 더 꼬박꼬박 챙겨 먹을 수 있는 좋은 기회가 된다.

위는 자신의 주먹만큼의 크기다. 그래서 주먹 크기만큼의 양을 먹는 것이 중요하다. 작은 공기에 음식을 담으면 꽉 차 보이지만 적게 섭취할 수 있는 방법이다. 그리고 개인 접시를 준비하자. 찌개를 냄비 채 먹는다거나 반찬 통 그대로 먹는 것보다는 조금씩 덜어 먹는 것이 소식할 수 있는 방법이다.

소식을 하게 되면 우리 몸은 재활용 모드로 진입하게 된다. 이 과정에서 불필요하거나 손상되어 기능이 떨어지는 세포와 조직이 우선적으로 분해된다. 그 성분들이 새로운 조직을 합성하는 재료로 재활용되는 것이다. 이 과정이 바로 건강의 시작이다. 이 효과를 극대화하기 위해서는 기간을 연장시키는 것이 중요하다. 일반적으로 소식은 노화의 진행을 억제하고, 노화와 관련된 질환의 발병을 감소시킨다. 소식은 스트레스에 대한 저항력을 높여주고, 항상성 유지에 영향을 미치며, 대사의 효율성을 증가시킨다. 또한 산화 스트레스 및 염증반응에 관련되는 유전자 발현에 영향을 미친다.

식탐이란 배가 부른데도 필요 이상으로 많은 음식을 섭취하고 싶은 현상이다. 식탐이 많으면 폭식과 과식을 불러온다. 이 같은 현상이 계속되면 건강을 해친다. 우리는 건강을 잃어버린 후에야 건강을 챙긴다. 인위적이지 않고 자연의 힘으로 자란 음식들을 제대로 섭취해야 건강할 수 있다. 생식이야말로 한 끼의 식사 안에 건강을 챙기는 먹거리다.

야식 후에는 차라리
아침을 비우자

"엄마, 출출한데 치킨 한 마리 시켜 주세요!"
아이들은 밤 열 시가 넘으면 배달 음식을 찾는다.
"잠도 안 오고 입도 허전한데 치킨 한 마리 시켜 먹어요."

남편 또한 기다렸다는 듯이 한마디 거든다. 나는 붓고 살이 찔
까봐 두렵긴 하지만 마음이 흔들린다. 결국 다수결의 의견으로 늦
은 밤에 치킨을 시켜 먹는다. 야식을 먹고 나니 배가 불러 일찍 잘
수도 없다. 야식의 달콤한 유혹에 넘어가 치킨을 먹었지만 포만감
으로 인해 후회하게 된다. 다음 날 아침이 되면 "배도 안 고픈데 뭐
하러 귀찮게 아침을 먹어?", "속이 더부룩해 도저히 아침식사를 못

먹겠어."라며 가족들은 식사를 거부한다.

야식은 몸에 지방을 쌓이게 하는 최고의 지름길이다. 늦은 밤 야식을 먹는 습관은 나쁜 습관 중 하나다. 우리 몸은 낮 시간 동안에는 자율신경계의 교감신경이 활발하게 작용하여 에너지를 소비한다. 그러나 밤 시간에는 부교감신경의 작용으로 에너지를 축적하게 된다. 심지어 야식은 고칼로리 음식인 경우가 많다. 그래서 밤새 소화되지 않아 속이 더부룩하여 숙면을 방해한다. 숙면을 취하지 못하면 체내의 해독 작용이 어려워져 위장의 소화력이 떨어지고 배변 장애가 일어난다. 그리고 면역력도 떨어지는 등 건강의 악순환이 시작된다.

야식은 식욕을 높여 과식을 유발할 뿐만 아니라 자극적인 맛의 중독성으로 인해 점점 더 강한 맛을 찾게 한다. 먹을거리가 풍부해지고 다양한 사교 활동이 늘어나면서 배가 불러도 계속 먹게 되는 일이 많다. 하루 에너지 소비량이 넘는 칼로리를 섭취하므로 포만감으로 인한 불쾌함을 느끼고 살이 찌게 된다. 야식을 자주 먹는 습관은 과다한 열량 섭취로 고지혈증, 고혈압, 당뇨병과 같은 각종 성인병의 발생 위험을 높인다.

야식은 밤 시간 동안의 소화를 더디게 만들어 아침식사를 거부하게 만들고, 체내 활성산소의 생성을 증가시킨다. 활성산소는 노화의 주범이며 음식을 많이 먹을수록 더 많이 생성된다. 과도한 영양

물질이 체내에 쌓이면 이를 처리하는 과정에서 만성적인 염증이 생기고, 이것이 지속되면 암이나 치매 등의 질환이 생길 수 있다.

'아침을 먹어야 두뇌 회전이 빨라진다'라는 말이 있다. 이 말은 우리에게 상식이 되었다. 그러나 아침을 먹지 않는다고 해서 머리가 나빠지지는 않는다. 오히려 배가 부른 상태보다 머리가 더 맑아진다. 집중력이 눈에 띄게 좋아지고, 일이나 공부의 효율이 높아진다. 새로운 아이디어도 잔뜩 떠오른다.

아침부터 기분이 상쾌하고 좋으니 자연히 적극적이고 긍정적이게 된다. 이러한 경험도 없이 아침을 꼭 먹어야 한다고 말하는 사람들이 많다. 일본의 니시요법은 환자들에게 아침을 먹지 말라고 제안한다. 이 요법은 배설을 우선시하기 때문에 아침을 굶은 것은 단식의 효과가 있는 것으로 노폐물이 체내에 누적되지 않는다. 단식은 말 그대로 위를 비워 몸을 가볍게 만드는 것이 중요하다. 과도한 포만감이 주는 불쾌함보다는 약간의 배고픔을 즐기는 식사 방법이 건강에 이로운 것이다.

육체노동이 많았던 과거와 달리 고칼로리 음식에 싸여 있고 실내에서 하는 일이 많은 요즘 삼시 세끼를 챙겨 먹는 것은 과식이 될 수 있다. 적게 먹는다고 해서 영양 상태가 나빠질 일은 없다. 가장 중요한 것은 식사의 양이 아니라 식사의 질이다. 균형 잡힌 영양소를 섭취한다면 오히려 건강은 더 좋아진다.

하루 시간 중 집중도가 가장 높은 시간은 바로 아침 5시부터 정오 12까지다. 김태광 작가는《출근 전 2시간》에서 "새벽 시간대의 1시간은 낮 시간대의 3시간과 맞먹는다."라고 말했다. 대부분 사회적으로 성공한 인물들은 '새벽형 인간'이다. 새벽 시간을 가치 있게 활용해야 성공할 수 있다. 새벽 시간은 공복의 상태이며 뇌가 가장 맑아 스펀지가 물을 흡수하듯 흡입력과 집중력이 가장 좋을 때다.

나의 건강 습관 중 하나는 바로 새벽 4시에 일어나는 것이다. 이 시간은 장도 비우는 시간이다. 몸을 비우니 집중력이 가장 뛰어난 골든타임인 셈이다. 나는 주로 새벽 시간에 글을 쓰거나 세미나 준비를 한다. 대부분의 사람들은 식사를 하고 나면 뇌의 집중력이 분산된다. 그리고 곧 쉬라는 알람 신호로 식곤증이 나타난다. 그리고 오후 시간에는 집중도가 떨어진다. 그래서 데드라인이 정해진 업무에 집중을 할 때는 식사의 양을 줄인다. 위장을 비우면 집중력이 눈에 띄게 오르고, 일이나 공부의 효율성이 높아진다. 아침부터 기분이 상쾌하고 좋으니 자연히 적극적이고 긍정적인 사고방식을 갖게 되어 정신 건강에도 유익하다.

습관적인 식사보다는 몸에 필요한 만큼의 식사를 하는 것이 중요하다. 야식은 내 몸이 에너지 소모를 절전모드로 전환했을 때 들어오는 음식이기 때문에 소화가 잘 안 된다. 결국 분해가 잘 되지 않은 채 저장되어 살이 찌는 원인이 된다. 건강하게 오래 살기 위해서는 조금만 먹어야 한다. 음식이 부족하던 옛날에는 쌀밥에 고기 반찬을 배불리 먹는 것이 행복이라고 여겼다. 잘 사는 집의 표본인 셈이었던 것이다. 그러나 지금은 흰쌀밥은 언제든지 먹을 수 있고 고기도 수시로 먹는다.

소식은 생명에게 일종의 위기다. 그 위기감이 생리적인 생존 능력에 스위치를 넣는 것이다. 면역력과 해독력이 생명력을 연장해 준다. 우리는 충분한 음식량을 섭취하면서도 몸이 건강하기를 기대한다. 이제 영양실조로 고생하는 사람은 거의 없다. 반대로 영양과잉이 문제다. 아침을 굶어도 뇌는 움직인다. 많은 장기가 휴식을 취하므로 뇌의 부담도 줄어든다. 이렇게 많은 기관이 활동을 하지 않음에도 혈액은 충분히 공급된다. 몸의 모든 조직은 전력을 다해 복구 작업을 시작한다. 결국 장기를 쉬어야 장기들이 회복된다.

'면역력'이란 몸 안에서 병원균이나 독소 등이 공격할 때 이에 저항하는 능력을 말한다. 이를 해결해 주는 것이 바로 백혈구다. 몸속의 노폐물을 청소하는 백혈구의 힘이 얼마나 강하냐에 따라 면역력이 좋아지게 된다. 또한 우리가 공복을 유지할 경우 장수 유전자인 '시르투인 유전자'는 몸 안에 최대한의 에너지를 축적할 수 있도록 도와준다. 공복일 때 세포 속에 손상되거나 병든 유전자를 회복시켜 준다. 이 유전자는 공복 상태일 때 활성화가 되고 곧 장수와 건강을 가져다 준다.

대부분 중년이 되면 배가 나오기 시작하고 성인병과 같은 질병이 하나둘 나타나게 된다. 밥을 먹으면서 과식을 하게 되는 경우가 많기 때문이다. 지금 당장은 그게 문제되지 않더라도 언젠가는 대사증후군이 될 확률이 높다. 나이가 들수록 근육량이 줄고 그에 맞춰 기초대사량도 감소한다. 그래서 더욱 살이 찌게 된다. 늦은 야식으로 빵과 피자, 치킨을 먹기보다 가벼운 생식 한 잔으로 머리를 맑게 하자.

과식을 하면 몸 안에서 생명력 있는 유전자가 없어진다고 생각해야 한다. 그래서 병에 걸리는 사람이 많다. 소식은 약이 되지만 과식은 독이 된다. 다이어트를 할 때는 목숨 걸고 소식을 하면서 건강을 위해서는 목숨 걸고 소식을 하지 않는다. 포만감보다 공복감이 들 때 우리 몸속의 장수 유전자가 활발하게 작용한다. 만약 야식을 먹게 된다면 다음 날 아침은 꼭 몸속을 비워야 한다.

건강한 식생활이
약을 이긴다

53세인 J 씨는 유방암 말기 판정을 받았다. 이미 뼈까지 전이되었고, 기관지암과 폐암으로까지 진행되었다. "더 이상 도와 드릴 것이 없어 죄송합니다."라는 의사의 말을 마지막으로 퇴원을 했다.

그녀의 소원은 죽기 전에 딸을 결혼시키는 것이었다. 결국 엄마의 간절한 소원을 위해 딸은 자신의 결혼을 서둘렀다. 딸이 신혼여행을 간 사이 그녀는 영정사진도 촬영해 놓았으며 죽을 때 입을 수의까지 장만해 놓았다. 이런 상황을 알게 된 딸은 엄마를 살리려고 치료가 되는 음식을 알아보기 시작했다. 암 환자의 공통 식이요법은 바로 유기농 생채식이라는 사실을 알고 엄마의 회복을 위해 매일 가장 신선한 유기농 야채와 과일을 준비했다. 그러나 J 씨는 유기농 채소와 과일을 먹을 기운조차 없었다. 매끼 섭취하는 양보다 야채가 시들어서 버려야 하는 양이 더 많았다. 그래서 방법을 바꾸어 시작한 것이 바로 가루로 먹는 생식이었다. 그녀는 하루 삼시 세끼를 생식을 기본으로 섭취하며 화식을 조금 곁들였다. 생식을 먹은 후 그녀는 힘든 항암치료를 60회 넘게 받을 수 있었다. 그만큼 체력이 생겼고, 회복력도 빨랐다. 결국 폐암과 기관지암, 뼈까지 전이된 암까지 완치되었다. 딸의 결혼식만 보아도 소원이 없겠다던 J 씨는 현재 3살 된 외손녀까지 돌보며 건강한 생활을 하고 있다.

암 환자라면 누구나 항암치료를 하며 힘든 과정을 겪는다. 항암치료는 몸속의 건강한 세포까지 파괴시켜 심한 고통을 준다. 독한 항암제 치료로 인해 머리카락이 빠지고 피부가 새까맣게 타들어가고, 우울증과 같은 부작용의 고통을 겪는다. 그래서 항암치료를 받기 위해서는 강한 체력이 뒷받침되어야 한다. 이때는 양질의 식단 관리를 통해 체력을 확보해야 한다. 단백질, 유기농 채소, 과일을 골고루 섭취해야 항암치료로 손상된 세포를 빨리 재생시킬 수 있다.

J 씨는 항암치료의 부작용으로 입맛을 잃고 음식을 제대로 먹을 수 없었다. 그러나 생식을 통해 부족한 영양과 해독 관리를 하며 60번이 넘는 항암치료를 받았다. 하지만 대부분의 암 환자들은 전신쇠약증과 영양실조로 사망한다. 암 치료를 받는 환자들 중에서는 잘 먹지 않아 체력이 고갈돼 항암제 치료를 중단하는 경우가 많

다. 영양실조로 치료가 중단되면 암이 급속도로 증식한다. 이러한 악순환의 고리를 끊기 위해서는 반드시 식단을 관리하는 것이 중요하다.

다음은 대한암협회와 국립암센터에서 권장하는 암 환자의 식사 지침이다.

첫째, 다양한 식품을 섭취한다.

둘째, 신선한 과일과 채소를 먹는다.

셋째, 도정하지 않은 곡류를 섭취한다.

넷째, 기름, 소금, 설탕, 술, 염장, 훈제식품을 삼간다.

다섯째, 체중을 조절한다.

암 환자의 식사 지침은 치료를 위한 기초체력을 만들어 주기 때문에 무엇보다도 중요하다. 그래서 암 환자는 식사의 원칙을 분별하여 잘 섭취해야 한다. 특히 육류 중에서 쇠고기, 돼지고기와 같이 붉은색 고기를 섭취하는 것은 암의 발생 위험도를 높인다. 소시지나 햄과 같은 가공식품의 섭취도 자제하는 것이 좋다. 닭고기나 오리고기와 같이 흰색 고기를 섭취하는 것은 좋다. 튀긴 음식은 무조건 좋지 않고, 찌거나 삶은 고기를 먹는 것이 좋다.

과거 아무 생각 없이 먹었던 식습관은 현재의 자신의 신체적, 정신적인 건강 상태다. 그리고 자신의 식습관은 미래에 다가올 건강 상태를 의미한다. 암을 예방하기 위해 미리부터 약을 먹지 않는다. 우리는 '어떻게 하면 질병을 치료할 수 있을까?'라며 고민한다. 그러나 '어떻게 하면 병에 걸리지 않을까?'를 연구해야 한다. 그리고 어떻게 하면 약을 먹지 않고 건강하게 살 수 있을지 생각해야 한다.

배우 김승환은 장세척을 받으러 병원을 방문했다가 대장암 2기 판정을 받았다. 가족 중에 암 환자도 없었고 스스로 건강한 편이라 자부하며 살았다. 그는 대장암 수술을 한 후 항암치료를 받는 동안 몸무게가 무려 20kg이 빠졌다고 했다. 그 역시 불규칙한 식생활로 가공식품을 자주 먹었다. 그로 인해 암을 키우게 된 것이다. 그는 항암치료 후 예전과는 완전히 다른 삶을 살기 시작했다. 아침식사를 챙겨 먹으며 장 건강에 유익한 음식들을 먹었다. 그는 한번 잃어버린 건강은 다시 되돌릴 수 없다는 큰 교훈을 얻었다며 규칙적인 생활습관을 강조했다.

이미 병든 것을 치료하기보다는 아직 병들지 않은 것을 다스려야 한다. 병이 될 만한 원인을 미리 제거하여 질병에 걸리지 않게 해야 한다. 유명한 명의를 찾더라도 이미 걸린 질병을 치료하기는 쉽지 않다. 하지만 질병이 걸리기 전 질병의 원인을 잘 관리한다면 충분히 발병 가능성을 낮출 수 있다. 질병에 걸려 치료하는 것보다 질병에 걸리지 않게 예방하는 것이 가장 훌륭한 치료법이다.

《밥상이 약상이다》의 저자 강순남 씨는 자연식 연구가다. 그녀는 먹는 음식이 곧 우리의 환경이자 삶이라고 강조한다. "우리의 잘못 차려진 밥상으로 몸이 상하고 있으며 생활습관병은 약을 먹고 주사를 맞아서 고칠 수 있는 것이 아니라 썩은 식탁과 잘못된 식습관을 바꿔서 바로 잡아줘야 한다."라고 강조한다.

우리는 질병이 될 만한 원인을 미리 제거하여 병에 걸리지 않게 해야 한다. 몸이 아플 때 '의사가 아니라 요리사를 찾아가라'는 말이 있다. 질병을 치유하는 힘은 의사가 아니라 자연으로부터 나온다. 질병을 앓고 있는 환자들은 약물 치료와 함께 자연식 위주로 한 소식이나 절식의 방법으로 자연의 질서에 맞는 생활습관을 가져야 한다. 약물 위주의 현대의학은 적절하게 활용하며 건강한 먹을거리에 집중할 때 근본적인 치유가 일어난다. 건강한 식생활을 실천하는 것이 세상에서 가장 큰 보약이다.

생식은 암 예방 지침에 따라 개발되었기 때문에 암을 계방하고 치료하는 데 있어서 가장 이상적인 식사법이다. 건강을 위해 올바른 식사를 하도록 적극적인 의지가 필요하다. 고통받고 있는 암 환자뿐만 아니라 모든 사람들은 올바른 식습관으로 다양한 영양소를 균형적으로 섭취해야 한다. 그래야 건강한 삶을 누릴 수 있다. 생식이 암 환자의 치료에 도움이 된다면 일반인에게는 암을 예방하는 식사인 셈이다.

치료의 중심은 사람이 되어야 한다. 우리가 약을 먹는 경우는 대개 병을 낫게 하기 위해서다. 그러나 만성질환과 난치병을 앓고 있는 사람들은 낫는다는 보장도 없이 그저 악화되거나 합병증이 생기지만 않기를 바라며 평생 약을 복용하고 있다.

병원에서는 3분도 안 되는 짧은 진료를 한 후 약을 처방한다. 이러한 처방전으로 몸이 완전히 회복되기는 기대하지 않은 편이 좋다. 통증이 사라지면 병이 다 나았다고 안심을 한다. 그러나 오히려 자연치유력이 사라져 병을 고치지 못한 채 만성질환으로 변하고 있는 중이라는 사실을 잊지 말아야 한다.

몸은 처음 상태로 되돌리려 하는 항상성 기능을 가지고 있다. 몸의 생명력을 회복시키는 힘은 의사에게서 나오는 것이 아니라 자연 밥상에 달려 있다. 자연의 질서에 맞는 건강한 식생활은 현대의학에서는 상상할 수 없는 치유의 힘을 발휘한다. 결국 건강한 식생활이 약을 이긴다.

자연이 차려주는 밥상에
답이 있다

TV 방송 프로그램에 출연한 63세 정기종 씨는 외부와 단절된 자연 속에 외딴집을 짓고 살아가고 있는 자연인이다. 그는 건설회사의 사장이었으며 남부럽지 않은 생활을 했다. 그러나 갑작스러운 회사의 부도로 매일같이 과음을 했고 이로 인해 병에 걸렸다.

그는 신장이식 수술을 받았지만 면역억제제의 부작용으로 위암이 진행되었고 합병증으로 폐질환까지 찾아왔다. 오랜 시간 투병생활을 하다 보니 엉덩이뼈에 괴사까지 진행되면서 삶에 대한 희망을 잃어버렸다. 그러나 그는 살기 위해 도시를 떠나 인적 없는 골짜기에 삶의 터전을 잡고 자연과 함께 더불어 살기 시작했다.

그는 자연이 주는 먹을거리를 섭취하면서 점차 몸이 회복되었고 지금은 어느 곳이든 자유롭게 누비고 다닐 만큼 건강해졌다.

그는 가공 과정을 거친 백미 대신 현미밥을 먹고 과일과 채소는 껍질과 뿌리까지 통째로 먹는다. 자연식은 대부분 열에 의한 조리 과정을 거치지 않아 비타민의 손실이 없다. 특히 자연이 주는 식사가 영양학적으로 우수한 이유는 화학물질에 오염되지 않은 것을 날 것으로 먹기 때문이다. 식품첨가물은 값이 싸고 보존성이 높아 상품으로 가치가 있는 식품을 제조하는 데 있어서 없어서는 안 된다. 복잡한 가공 과정을 거치지 않은 자연 그대로의 음식을 섭취해야 질병으로부터 멀어질 수 있다. 이러한 식사는 성인병은 물론이며 암을 예방하고 치료하는 데 도움이 된다.

나는 식당을 운영하는 52세 K 씨를 만났다. 그는 혼자서도 고기 10인분을 거뜬히 먹을 정도로 대식가였다. 영업을 마치는 밤 시간에 주로 야식을 먹었고, 사람들과 어울리는 것을 좋아해서 술과 담배를 즐겼다. 그의 이 같은 습관 탓에 38세라는 젊은 나이에 당뇨 판정을 받았다. 올해로 14년째 혈당강하제를 복용하고 있는 중이다.

최근에 속이 좋지 않고, 명치가 답답하여 병원을 찾았더니 위암 2기라는 판정을 받았다. 그래서 위 절제 수술을 해야만 했다. 아내는 그에게 생식을 섭취하길 권장했으나 그는 "내가 소주를 먹으면 먹었지 생식은 안 먹는다."라며 외면했다. 그러나 같은 병실에서 항암치료를 받던 위암 환자가 사망한 사실을 알고 자신의 식생활을 바꾸기로 결심했다.

그는 위를 절반 이상 잘라냈기 때문에 조금씩 자주 먹어야 하는 불편함을 겪었다. 그러나 매끼마다 생식을 조금씩 나누어 먹는 규칙적인 습관을 통해 5년 만에 위암 완치 판정을 받았다. 환자라면 누구나 치료에 도움이 될 만한 음식을 찾는다. 몸이 아프면 귀도 얇아진다. 그래서 몸에 좋다고 소문이 난 것이라면 무엇이든 시도하려고 한다. 그러나 환자들을 위한 상업적인 식품에 현혹되다 보니 오히려 득보다 실이 많다.

질병의 예방과 치료는 올바른 식습관과 건강한 생활습관에서 시작된다. 특히 짠 음식과 탄 음식, 그리고 가공식품은 위 점막에 자극을 주기 때문에 피해야 한다. 우리의 식탁에는 주로 국과 찌개, 김치와 젓갈류가 올라와 있다. 염분이 대량 함유된 식품들인 것이다. 이런 음식들을 섭취할 때는 신선한 야채와 과일을 곁들여서 염분 섭취를 최대한 줄여야 한다. 햄, 베이컨, 소시지와 같은 질산염화합물이 포함된 가공식품 섭취도 자제하며 되도록 가공이 적은 자연적인 식품을 섭취해야 한다.

혜각 스님은 B형 간염을 발견한 뒤 곧 간암 말기 판정을 받았다. 이후 척추로 전이된 암을 제거하고 항암치료를 받았지만 전보다 통증이 더 심해졌다. 곧 살아 있는 송장처럼 몸이 말라갔다. 의사는 더 이상 희망이 없으니 퇴원해 남은 생을 정리하라고 말했다. 그러나 그는 자연에서 얻은 좋은 채소와 맑은 공기, 정신적 수양생활을 하면서 간암을 극복했다. 그의 치료에 직접적인 도움을 준 것은 바로 음식이었다.

우리는 몸이라는 건물을 짓는 건축가다. 무엇을 먹느냐에 따라 몸은 성스러운 신전이 될 수도 있고 허름한 집이 될 수도 있다. 그가 치료를 위해 섭취했던 음식은 사찰 음식으로 누구에게나 좋은 건강식이며 자연식이다. 혜각 스님은 일체 인공조미료를 사용하는 일이 없으며, 다양한 채식을 섭취한다. 특히 숲에서 얻을 수 있는 채소들은 자연의 힘으로 키워진 것이라 인공의 힘과는 비교할 수 없을 정도로 그 효과는 뛰어나다.

그는 과식을 하지 않고, 자극적인 향을 사용하지 않으며 통째로 음식을 먹는다. 나물을 데친 물로는 국을 끓이고 표고버섯 불린 물로는 찌개를 끓인다. 고기 육수를 쓸 일이 없으므로 자연히 천연조미료를 사용한다. 사찰의 음식은 양념이 과하지 않으면서 맛깔스럽다. 그처럼 마음이 즐거운 생활을 한다면 자연스럽게 병원으로부터 멀어지게 한다.

《비우고 낮추면 반드시 낫는다》의 저자 전홍준 박사는 모든 병의 원인은 혈액이 깨끗하지 못해서라고 말한다. 그는 만성질환이나 난치병을 앓고 있는 환자들에게 수술이나 약은 쓰지 않고 생채식이나 절식을 하라고 조언한다. 과식 대신 소식과 절식을, 과로 대신 휴식과 운동을 취한다면 병은 저절로 사라진다. 그는 환자들의 생활 방식과 습관만 고치면 약과 아무 상관없이 어떤 만성질환도 치유할 수 있다고 강조한다.

이 세상에서 가장 좋은 의사는 건강한 음식이다. 음식에 인공의 힘을 빼자. 자연스럽게 우리의 삶에도 힘을 빼야 한다. 자연의 질서를 따르며 사는 것이 최고의 건강 비결이다. 자연의 법칙에서 벗어나면 삶이 외롭고 허전해진다. 오히려 지나친 욕심은 온갖 질병과 고통을 부르게 된다. 우리는 자연의 법칙에 따라 자연과 조화롭게 살며 자연이 주는 밥상을 먹어야 한다. 자연이 차려주는 밥상은 몸에 무리를 주지 않아 질병도 예방할 수 있으며 건강도 유지할 수 있다. 음식보다 좋은 보약은 없다.

나는 생식으로 하루를 시작한다. 점심과 저녁을 외식으로 해결해야 하는 일이 많아 아침에 꼭 생식을 실천하려고 한다. 외식은 확인되지 않은 원료일 뿐만 아니라 식품첨가제와 소금, 설탕, 지방의 범벅이다.

'자연식'이란 식품첨가물을 일체 사용하지 않고 제조한 식품을 의미한다. 하루 한 끼의 생식은 해독제이자 영양제다. 생식은 회복탄성의 법칙을 가지고 있다. 날마다 위협받는 몸의 항상성을 다시 복원시켜 주는 해독식사이자 영양식사이다.

요즘은 먹을거리가 넘치고 있지만 정작 제대로 된 먹을거리는 사

라지고 있다. 한 끼 배고픔을 달래기만 하는 식사가 아닌 정말 몸에
좋은 식사를 해야 한다. 자연과 멀어지면 질병이 찾아온다. 자연이
차려주는 밥상 위에 건강이 따라온다.

자연식이
최고 의사다

"인간은 태어날 때부터 몸속에 100명의 명의를 지니고 있다. 의사의 의무는 100명의 명의를 돕는 데 지나지 않는다."

고대 그리스의 의성 히포크라테스가 남긴 말이다. 우리는 명의를 찾아다니며 질병을 치료하는 일에 집중한다. 당신은 그동안 얼마나 많은 명의를 만나 보았는가?

진정한 명의란 먼 곳에 있는 것이 아니라 자신이 가지고 있는 자연치유력이다. 히포크라테스는 "인간의 몸에는 원래 건강하게 되돌리려고 하는 자연의 힘이 있기 때문에 의사는 그것을 돕는 것이

임무다."라고 이야기했다. 자연치유를 돕는 것이 치료의 시작인 것이다.

몸은 생명을 유지하기 위해 손상된 조직을 스스로 복구한다. 만약 손상된 조직을 복구하지 않으면 태어난 지 며칠 만에 환자가 되고 말 것이다. 누구나 자신만의 자연치유력이 있기 때문에 손상된 세포를 복구하며 건강하게 산다.

몸은 손상된 부위를 복구하기 위해 열이 나고 붓거나 통증으로 신호로 보내며 염증 현상을 일으킨다. 염증 현상으로 나타나는 관절염, 비염, 피부염이 진행되면 약물요법으로 치료를 한다. 염증을 질병처럼 취급하는 것이다. 그러나 염증이란 손상된 조직을 제거하고 새로운 조직이 자라게 하는 데 있어서 반드시 필요한 과정이다. 이 과정이 방해받지 않을 때 손상 조직의 재생이 촉진되고, 염증을 회복하고 질병을 치유할 수 있다.

자연치유는 인간의 생명의 기본 단위인 세포의 생명력, 항상성 유지, 면역력을 증대시키고 강화시킨다. 몸의 균형과 조화를 찾아 장내의 질병을 치유하는 것이다. 사람은 저마다 타고난 자연치유력 때문에 질병에 걸릴 수도 있고 질병으로부터 벗어날 수도 있다.

자연치유력으로 질병을 예방하고 치료하기 위해서는 음식을 잘 먹어야 한다. 음식은 생명 작용에 없어서는 안 될 필수요소다. 음식은 단순히 배를 채우기도 하고 몸을 건강하게 하며 질병을 치유하는 보약이 되기도 한다. 모든 음식은 독특한 영양의 효능을 가지고 있으므로 이것을 잘 활용하면 몸이 아플 때 어느 약보다도 치료제가 될 수 있다.

음식은 생명의 근원이자 삶의 활력제다. 생존을 위한 필수요소이지만 건강에도 영향을 미치는 중요한 요소인 것이다. 식물도 외부의 위협으로부터 자신을 지키기 위한 치유의 힘을 가지고 있다. 식물이 가지고 있는 자연의 영양소인 파이토케미컬은 약 2만 5천여 가지가 넘는다. 그래서 다양한 식물의 섭취는 건강에 시너지 효과를 기대할 수 있다.

감기에 걸리면 생강차를 마시고 눈이 피로해지면 블루버리를 먹는다. 오랜 기침으로 기관지 기능이 약해지면 도라지와 배를 먹는다. 이같이 먹는 이유는 자연의 힘을 믿기 때문이다. 그러나 삶의 질이 높아지고 풍요로워질수록 식탁 역시 복잡해지고 다양해진다. 음식문화가 서구화되고 음식에 대한 기본사고 방식과 원칙이 바뀌면서 질병은 더욱 다양해졌다.

2014년 '국민건강영양조사'에 의하면 만30세 이상 성인을 기준으로 두 명 중 한 명은 비만, 고혈압, 당뇨병, 고콜레스테롤혈증 중 한가지 이상을 앓고 있다고 발표했다. 더불어 우리나라 전체 청소년의 17%가 비만증에 걸려 있으며, 이들의 80%는 간 기능 이상과 고지혈증, 고요산혈증, 고혈당, 고혈압 등 한 가지 이상의 합병증을 가지고 있었다. 이는 청소년들의 체격만 커졌을 뿐 체력은 40대 후반보다 못하다는 것을 의미한다.

자신에게 요구되는 식사의 기본원칙을 알고 건강한 음식과 식습관을 가질 때 체력과 질병이 회복된다.

60세 주부 L 씨는 유방암 진단을 받았다. 그녀는 3년 동안 생식을 먹으면서 유방암 완치 판정을 받았다. 올해는 12시간 이상 비행기를 타고 미국을 다녀올 정도로 면역력도 회복되었다.

암 환자들이 생식을 먹는 이유는 간단하다. 오로지 살기 위해 먹는 것이다. 생식은 통곡식, 버섯류, 채소류, 해조류와 같은 여러 가지 원료로 다양한 파이토케미컬을 섭취할 수 있어 면역력 회복을 기대할 수 있다.

'일물전체'란 자연 그대로의 식품을 섭취하는 것을 말한다. 식품을 지나치게 다듬거나 깎지 말고 되도록 전체를 먹는 것이다. 이를테면 쌀이면 백미가 아니고 현미 또는 배아미, 과일이나 채소인 경우에는 껍질과 잎사귀, 줄기를 같이 섭취하고 생선은 뼈째로 먹어야 한다.

이로운 음식을 먹으면 유전자도 이롭게 바뀐다. 생식은 몸속의 유전자를 바꾸어 주는 유전자 푸드다. 생식은 통곡식과 야채, 과일, 버섯이 혼합되어 있어 식물화합영양소를 복합적으로 섭취할 수 있다. 식물이 가지고 있는 식물화합영양소는 항염증, 항산화 및 화학적 암 예방의 생리활성을 갖는다.

생식은 외출을 하거나 여행을 할 때 간단하게 챙겨 먹을 수 있는 균형 잡힌 종합식품이다. 자연의 흐름에 맞게 활동하며 쉬고, 먹는 것이 자연치유력을 극대화시키는 방법이다. 만약 몸의 어딘가가 불편하다면 약이나 병원을 먼저 찾기보다 현재 나의 생활습관이 어떤지 점검해 보아야 한다. 스스로 자연치유력을 방해하고 있는 것은 없는지 살피는 것이 현명한 태도일 것이다. 평소에 즐겨 먹던 음식에 변화만 주어도 의사와 멀어지는 생활을 충분히 할 수 있다.

음식과 약은 근본이 같다는 의미의 '약식동원(藥食同原)'이란 말이 있다. 먹는 것이 올바르지 못하면 질병이 생기고 반대로 질병이 생겨도 좋은 음식을 먹으면 건강해질 수 있다는 말이다. 결국 약과 음식은 그 근본이 동일하다는 의미다.

《의사의 반란》의 저자 신우섭 씨는 질병의 원인을 제대로 알지 못한 채 질병의 현상만을 보며 치료하는 현대의학의 문제점을 꼬집었다. 그는 병의 원인은 음식에 있으며, 몸에서 일어나는 변화는 결코 나를 죽이려는 것이 아니라 살리기 위함이라고 말했다.

건강하려면 병원과 약을 버리고 약보다 건강한 밥상을 처방하는 게 중요하다. 그는 병원과 약에 의존해서는 절대 건강할 수 없다고 말한다. 약을 버리고 건강한 먹을거리로 자신의 몸을 챙겨야 한다고 강조했다.

몸은 스스로 증상을 일으키고 치유하는 능력이 있다. 이것을 인정하고 순응할 때 단 한 알의 약이라도 쉽게 복용하지 않게 된다. 질병이 주는 통증을 고통스러운 과정이라고 생각하지만 이 증상은 몸의 잘못된 곳을 치유하고 있는 현상이라는 사실을 알아야 한다. 몸이 살기 위해 고군분투하는 자연치유력의 힘을 약으로 억누르게 되면 더 큰 통증이 찾아온다. 불편한 증상을 빨리 없애는 것이 최고의 치료는 아니다. 어떤 약물보다 강력한 치료제는 음식이다. 그리고 약과 병원 대신 몸의 자연치유 능력을 믿으며 건강한 생활습관을 갖는 것이야말로 불치병을 고칠 수 있다.

행복은 건강해야 누릴 수 있다. 건강하다면 모든 일에 의욕이 생긴다. 반대로 건강하지 못하면 기쁨이 사라질 뿐만 아니라 열정과 에너지조차 없어지게 된다. 몸이 아프다고 무조건 약물에 의존한다면 자연치유에 의한 질병치유의 기회를 놓치고 만다. 어떤 음식을 먹느냐에 따라 몸을 보양할 수도 있고 상하게도 할 수 있다. 모든 사람의 내면에는 자신만의 의사가 있다. 자연과 가까워질 때 질병으로부터 멀어진다. 이 세상에서 가장 좋은 의사는 바로 건강한 음식이다.

하루 한 끼 생식이
내 몸을 바꾼다

현대극의 아버지라 불리는 노르웨이의 극작가 헬릭 입센은 "돈은 여러 가지 씨앗을 살 수 있다. 그러나 그것이 농부의 의욕은 살 수 없다. 돈은 음식물을 살 수 있다. 그러나 식욕은 살 수 없다. 돈은 약은 살 수 있다. 그러나 건강은 살 수 없다."라고 말했다.

누구나 부러워할 만한 명예와 재력을 갖고 있다 하더라도 어느 날 갑자기 심장마비로 쓰러지거나 암에 걸린다면 이것들은 아무 소용이 없게 된다. 한번 건강을 잃어버리면 다시 회복하기란 쉬운 일이 아니기 때문이다. 우리는 아픈 후에 건강의 소중함을 꺼닫게 된다. 대체로 건강을 잃기 전에는 건강에 대해 감사할 줄 모른다. 건강할 때 그 건강을 유지할 수 있는 사람이 지혜로운 사람이다.

건강하게 살기 위해서는 먼저 자신의 건강 상태를 제대로 알아야 한다. 바로 시대적인 유행에 따라 끌려가지 말고 자신만의 건강에 대한 원칙이 있어야 한다.

병은 말을 타고 오나 갈 때는 걸어간다는 속담이 있다. 건강한 삶이란 자신의 의식과 행동에서 만들어지기 때문에 잘못된 습관으로는 절대 회복되지 않는다. 세상이 변화하는 속도에 맞춰 열심히 살아가는 것도 중요하지만 때로는 잠시 멈춰 서서 자신의 몸과 마음 상태를 확인해야 한다.

58세 K 씨는 유방암이 림프암으로 전이된 환자다. 그녀는 교통사로로 남편을 잃고 젊은 나이에 혼자 3명의 자녀들을 키우며 살아왔다. 그녀는 항상 좋은 먹을거리를 염려하면서도 바쁘고 귀찮다는 핑계로 건강을 잃었다. 그러나 생식을 시작함으로써 위장이 많이 회복되었다. 생식을 꾸준히 섭취한 결과 유방암 종양이 더 이상 성장하지 않았고, 고지혈증도 점차 완화되었다. 하루도 거르지 않고 생식을 먹은 것이 그녀의 몸을 완전히 바꾸어 놓았다.

그녀는 몸이 회복되자 주변의 지인들이 50대인 자신을 40대 초반으로 본다고 좋아했다. 생식을 꾸준히 먹은 결과 건강은 물론이고 젊음까지 유지하는 비결이 된 것이다. 이러한 감사한 마음이 드는 것도 생식을 오래 먹다 보니 마음의 여유가 생겼기 때문이라고 말했다. 현대의학은 암 환자의 생존율을 높였다. 그러나 암 치료의 근본적인 방법은 크게 변한 것이 없다. 즉 수술로 종양조직을 제거하고, 약물로 암 세포를 사멸시킨다.

암의 완치는 아직도 불투명하다. 더군다나 암을 치료하기 위해서 드는 비용 또한 크기 때문에 예방하는 노력이 무엇보다 중요하다. 암 세포는 유전자의 변이로 진행된다. 유전자의 변이를 일으키는 물질을 돌연변이원이라고 한다. 즉 오염된 음식과 과식으로 인해 발생하는 발암물질들이 우리 몸속 DNA의 돌연변이를 유발하고, 돌연변이가 된 세포 중 일부는 암 세포가 된다.

암이란 직경이 1cm 정도가 자란 뒤에야 보인다. 그 종양은 단 하나의 암 세포로부터 시작된 것이지만 1개의 종양이라도 그것을 형성하는 세포의 수는 수억 개에 이른다. 암이 전이되었다는 것은 몸 자체가 암에 걸리기 쉬운 환경이 되었다는 것이다. 암을 치료하는 것은 이미 생긴 암 덩어리를 없애는 것과 동시에 암 세포가 더 이상 증식하거나 재발하지 못하도록 면역력을 키우는 것이 중요하다. 결국 식생활로 인해 몸을 바꾸어야 암 세포가 더 이상 자라지 않고 재발하지도 않는다.

나는 15년간 생식에 대한 실험과 연구를 병행하며 생식을 섭취했다. 실제 생식을 1년 이상 섭취한 사람들의 건강 만족도를 조사해본 결과 피로감이 줄어들고, 배변작용이 원활해졌다는 의견이 가장 많았다. 생식을 꾸준히 섭취하게 되면 노폐물과 독소가 배출되어 몸이 맑아지고 활력이 생긴다.

　나는 하루 한 끼 생식을 섭취하는 습관을 가진 후 감기에 잘 걸리지 않는다. 그리고 골치병이었던 방광염도 사라졌다. 무엇보다 피부가 투명해지고 에너지가 넘치는 것을 주변 사람들이 먼저 알아본다. 하루 삼시 세끼 화식만 먹는 것보다 하루 한 끼 생식을 병행했을 때 몸의 활력은 상승한다. 화식으로 부족한 영양소를 보완해 줄 수 있으며 누구나 쉽게 소식을 즐길 수 있다. 생식은 체중을 감소시키며 생화학적 영양 상태를 회복하여 요요현상이 없는 다이어트에 도움이 된다. 또한 과로와 과음을 일삼는 남자들에게도 간 기능을 회복시키는 약이다.

　나는 3개월간 15년 이상 혈당강하제를 복용 중인 당뇨 환자들을 대상으로 생식을 섭취하게 했다. 그리고 당화혈색소 수치가 낮아져 당뇨가 회복되는 것을 확인했다. 생식은 당뇨 환자들에게는 치료식이지만 일반인에게는 예방식이다. 그 외에도 생식을 이용한 항고지혈증, 항산화, 지방간 개선, 항암제 독성 해독 효과와 같은 효능을 확인할 수 있었다. 또한 장기간의 생식 섭취가 운동선수의 체력을 강화하며 성장기 어린이와 청소년에게는 성장발육에 도움을 주었다.

　나는 최근 생식이 대장염과 대장암 예방효과에 탁월한 효과가 있음을 관찰했다. 생식을 함으로써 대표적인 항산화 성분인 폴리페놀, 플라보노이드, 안토시아닌과 같은 생리활성 영양소와 비타민과 미네랄을 섭취할 수 있다. 그러므로 유전자의 변이를 억제하거나 변이된 유전자를 복구시킬 수 있는 기능이 있다.

건강을 염려하는 사람들과 환자들을 위한 식이요법으로 생식 디
톡스를 제안한다. 생식 디톡스는 우리 몸의 해로운 것은 비우고 부
족한 것을 채울 수 있는 해독 영양식이다. 웰빙 열풍이 불면서 건강
을 챙기는 사람들이 생식을 섭취하고 있다. 생식은 아침식사를 거
르는 가족에게는 식사 대용식으로, 다이어트와 아름다움을 원하는
여성에게는 뷰티식으로, 성장기 자녀에게는 건강 관리식으로 이용
된다.

생식은 환경오염, 스트레스, 바이러스성질환 등 건강을 위협하는
각종의 요소들로부터 우리 몸을 지킬 수 있는 먹을거리로 자리 잡
아가고 있다. 각종 조미료와 향신료에 길들여진 사람일수록 입 안에
서 거칠게 도는 채소는 금방 지겨워한다. 그러나 암 환자는 목숨 걸
고 먹는다. 생식을 먹는 것은 쉬운 일이 아니다. 절박한 상황이 아니
고서야 평생에 이어온 식생활 습관을 바꾸기란 쉽지 않기 때문이다.
그러나 처음은 힘들 수 있지만 생식을 통해 몸이 먼저 변화되는 것
을 느끼면 어느새 적응하게 된다. 위가 편안해지고 배변 활동이 좋
아진다. 머리도 맑아지고 피로감도 덜해진다. 생식 디톡스를 하는
사람들이라면 말하지 않아도 누구나 몸이 먼저 즐거워하는 것을 체
험한다.

나이가 들수록 근육량이 줄고 기초대사량이 떨어지기 때문에

디톡스에 더 신경을 써야 한다. 외부에서 들어오는 유해물질을 방어하기 위해서는 몸속 정화력을 높여 면역력을 키워야 한다.

생식은 영양을 갖춘 식사를 제공할 수 있게 하며 영양 불균형으로 생기는 다양한 질병으로부터 벗어나게 해준다. 100세 인생을 누리기 위해서는 지금부터 건강한 생활습관을 가져야 한다.

음식을 바꾸면
인생이 달라진다

재물을 잃는 것은 인생의 일부를 잃는 것이고, 명예를 잃는 것은 인생의 절반을 잃는 것이다. 그러나 건강을 잃는 것은 인생의 모든 것을 잃는 것이다. 사람이 살아가면서 건강한 삶을 빼놓고, 과연 행복을 말할 수 있을까? 행복은 건강에 의해 좌우된다고 해도 과언이 아니다. 건강할 때는 삶의 원천이 되지만 건강을 잃는다면 그 어떤 행복도 즐거움도 사라지게 마련이다.

초등학교 시절부터 친하게 지냈던 친구가 올해 췌장암으로 세상을 떠났다. 평소에 소화가 잘되지 않고 더부룩했지만 대수롭지 않게 생각하고 위장약만 먹은 게 원인이었다. 이미 암을 알았을 때는 빠른 속도로 진행되어 손을 쓸 수 없는 단계였다. 중년의 나이가 되니 병문안이나 장례식장을 가는 일이 잦아졌다. 40대 전에는 그런 얘기도 잘 못 듣고 들어도 그냥 흘려보냈는데 이제는 보는 일이 많다 보니 건강의 중요성을 새삼 더 느끼게 되었다. 요즘은 100세 시대라고 하지만 젊어서 챙기지 못한 건강으로 인해 중년 이후부터 각종 질병에 시달리는 사람들이 많다.

《금오신화》의 저자인 김시습은 수명을 연장하는 방법으로 "말을 삼가고, 음식을 절제하며 탐욕을 없애야 한다. 또한 수면을 적절히 취하며 기뻐하고 화내는 것을 절도 있게 해야 한다. 말에 법도가 없으면 허물과 근심이 생기고 음식이 때를 잃으면 고달프고 힘이 빠지며 탐내고 욕심내는 것이 많으면 위태롭고 어지러운 일이 일어나는 법이다. 수면이 너무 많으면 게으르며 기뻐함과 성냄으로 적절한 절도를 잃으면 그 성품을 보전하지 못하게 된다. 이 다섯 가지 절도를 잘 지키면 장수할 수 있는 힘이 될 것이다."라고 말했다.

요즘은 전쟁으로 죽은 사람들보다는 과식으로 죽는 사람들이 더 많다. 성인병으로 불리는 당뇨병, 고혈압, 뇌졸중 등의 질환들은 대부분 흡연, 과음, 과식, 운동 부족 등 잘못된 생활습관들 때문에 발생한다. 결국 평소 어떻게 생활하느냐에 따라서 건강을 유지할 수 있는 것이다. 누구나 질병의 현상은 같지만 사람마다 발병의 원인은 다르다. 질병의 원인을 알아야 근본적인 치료를 할 수 있다. 그러나 다른 치료를 차단시키고 병원 치료만 강조한다면 또 다른 치료를 놓치는 일일 수 있다.

치료를 극대화하기 위해서는 환자 자신에게 집중하고 현대의학과 예방의학을 모두 동원해야 한다. 상황에 맞추어 균형과 상호보완이 필요한 것이다. 환자의 질병을 고치기만 하면 된다. 약물을 이용하면서도 몸속의 자연치유력을 충분히 발휘할 수 있도록 해야 한다. 자연치유의 힘은 음식에 의해 좌우된다. 모든 현대병은 거의 잘못된 식습관에서 생긴다. 편식을 하지 않고 균형 잡힌 식사를 해야 하는 이유다.

자연치유력을 높이기 위해서는 가공 과정을 거치지 않은 채 자연 그대로의 것을 먹어야 한다. 가공 과정을 충분히 거친 백미 대신 현미를, 과일과 채소는 껍질과 뿌리까지 섭취해야 한다. 조리의 과정을 거치지 않아야 비로소 가장 자연스러운 형태로 즐길 수 있다. 생식은 몸에서 대변의 양을 증가시켜 노폐물을 효과적으로 배설시킨다. 또한 혈당량을 저하시켜 인슐린 요구량을 감소시킨다. 생식은 성인병 예방과 치료에 영양학적으로 우수하다.

스티브 잡스가 병상에서 남긴 유언이다.

"나는 사업에서 성공의 최정점에 도달했었다. 다른 사람들 눈에는 내 삶이 성공의 전형으로 보일 것이다. 그러나 나는 일 오에서는 어떤 기쁨도 거의 느끼지 못한다. 결과적으로 내게 부유라는 것은 그저 익숙한 삶의 일부일 뿐이다. 지금 이 순간, 병석에 누워 나의 지난 삶을 회상해보면, 내가 그토록 자랑스럽게 여겼던 주위의 갈채와 막대한 부는 임박한 죽음 앞에서 그 빛을 잃었고 그 의미도 다 상실했다.

어두운 방 안에서 생명 보조 장치에서 나오는 푸른빛을 물끄러미 바라보며 낮게 웅웅거리는 그 기계 소리를 듣고 있노라면, 죽음의 사자의 숨결이 점점 가까이 다가오는 것을 느낀다. 이제야 깨닫는 것은 평생 배 굶지 않을 정도의 부만 축적되면 더 이상 돈 버는 일과 상관없는 다른 일에 관심을 가져야 한다는 사실이다. 그것은 돈을 버는 일보다는 더 중요한 뭔가가 되어야 한다. 그건 인간관계가 될 수 있고, 예술일 수도 있으며 어린 시절부터 가졌던 꿈일 수도 있다.

쉬지 않고 돈을 버는 일에만 몰두하다 보면 결과적으로 비뚤어진 인간이 될 수밖에 없다. 바로 나같이 말이다. 부에 의해 조성된 환상과는 달리, 하나님은 우리가 사랑을 느낄 수 있도록 감성이란 것을 모두의 마음속에 넣어 주셨다. 평생에 내가 벌어들인 재산은 가져갈 도리가 없다.

내가 가져갈 수 있는 것이 있다면 사랑으로 점철된 추억뿐이다. 그것이 진정한 부이며 그것은 우리를 따라오고, 동행하며, 우리가 나아갈 힘과 빛을 가져다줄 것이다. 사랑은 수천 마일 떨어져 있더라도 전할 수 있다. 삶에는 한계가 없다. 가고 싶은 곳이 있으면 가라. 오르고 싶은 높은 곳이 있으면 올라가 보라. 모든 것은 우리가 마음먹기에 달렸고, 우리의 결단 속에 있다.

어떤 것이 세상에서 가장 비싼 침대일까? 그것은 '병석'이다. 운전수를 고용하여 차를 운전하게 할 수도 있고, 직원을 고용하여 돈을 벌게 할 수도 있지만, 다른 사람을 대신하여 병을 앓아 줄 사람은 고용할 수 없다. 물질은 잃어버리더라도 되찾을 수 있지만 절대 되찾을 수 없는 게 하나 있으니 바로 '삶'이다. 누구라도 수술실에 들어가면 읽지 못해 후회하는 책이 있다. 바로 '건강한 삶의 지침서'다. 현재 당신이 인생의 어느 시점에 이르렀든지 상관없이 때가 되면 누구나 인생이란 무대의 막이 내린다. 가족을 향한 사랑과 부부간의 사랑, 이웃을 향한 사랑을 귀하게 여겨라. 그리고 자기 자신을 잘 돌보기 바란다."

건강한 몸과 마음으로 아름다운 세상을 즐겨야 한다. 건강을 잃어버린다면 인생은 고통의 연속일 것이다. 사람에게 중요한 것은 돈과 명예가 아니다. 가장 중요한 것은 바로 건강이다. 건강하기 위해서 어떻게 해야 하는지 곰곰이 생각해 보고 실행에 옮길 수 있도록 전략을 짜야 한다. 건강은 아무리 강조해도 지나치지 않는다. 스트레스를 받지 않고, 되도록 단순하고 적극적인 자세로 삶을 가치 있게 살아야 한다.

요즘 새롭게 등장한 의료 기술은 환자의 유전자 정보를 분석하여 맞춤의료서비스를 제공하는 것이다. 기존 진단의학이 질병의 유무만을 확인했다면, 신 의료 기술은 질병의 근본적인 원인을 찾아 치료와 예방까지 통합적으로 진행한다. 또한 의사가 진단이나 처방약을 결정할 때 환자의 생활습관과 유전자 정보를 고려해 맞춤치료를 한다. 이로써 질병을 치료할 수 있는 정확도를 높이게 되는 것이다. 맞춤형 의료서비스는 치료에 따르는 엄청난 비용을 줄일 수 있으며 무엇보다 질병을 예방할 수 있다. 결국 건강한 생활습관이 자신의 건강을 지킨다는 것을 알고 꾸준히 관리를 해야 한다.

발명왕 토마스 에디슨은 "자신의 건강을 맹신하지 말고 규칙적이고 절제하는 습관이 중요하다. 미래의 의사는 환자에게 약을 주기보다 환자가 자신의 체질과 음식, 질병의 원인과 예방에 관심을 갖도록 할 것이다."라고 말했다.

돈으로 약은 살 수 있지만 건강은 살 수 없다. 한번 잃어버린 건강을 되돌리려면 많은 에너지와 비용이 들어가야 한다. 행복한 삶은 건강에 의해 좌우된다. 건강하고 활력 있는 삶을 살기 위해서는 건강 수명을 지키는 일이다. 당신의 인생을 바꿀 수 있는 건강한 식생활 습관은 바로 하루 한 끼 생식에 달려 있음을 기억하자.

부 록
하루 한 끼 생식 식사 일지
생식 레시피

⚙ **하루 한 끼 생식 식사 일지** ✂

년   월   일

수면 상태

수면시간	전날 시 분 ~ 오늘 시 분

식생활 : 오늘 먹은 음식 적어 보기 (모든 음식을 적으세요.)

내용	섭취한 음식	함께 먹은 사람(상황)
아침식사		
오전간식		
점심식사		
오후간식		
저녁식사		
저녁간식		

운동요법 : 하루 운동량을 적어 주세요.

운동종류	수영	30분 (○), 1시간 ( ), 2시간 ( )

디톡스 요법 : 디톡스 건강습관을 점검하세요.

물 먹는 습관	3잔 이하 ( )	3 ~ 5잔 ( )	5 ~ 8잔 ( )	8잔 이상 ( )
소화상태	예		아니오	
배변습관	정상 ( )	변비 ( )	설사 ( )	변비/설사 교대로

스트레스 제로! 마음도 건강하게! :

하루를 돌아보며 가장 감사했던 일이나 스스로 칭찬하고 싶은 말을 적어 주세요.

1)
2)
3)

[생식 블루베리시리얼요거트]

재료

가루생식 40g (1인 기준), 시리얼 50g, 플레인 요구르트 170g, 블루베리 1큰술

만들기

01 볼에 플레인 요구르트와 생식을 넣고 믹서 또는 거품기로 잘 섞는다.

02 그릇에 믹스한 생식 플레인 요거트에 시리얼과 블루베리를 뿌린다.

03 기호에 따라 꿀이나 시럽을 섞어 먹는다.

Tip

생식 한 잔으로 포만감이 느껴지지 않을 때 간단하고 든든하게 먹을 수 있는 시리얼에 블루베리를 섞으면 보다 건강하고 달콤하게 식감을 즐길 수 있다.

[생식 방울토마토 두부샐러드]

재료

가루생식 40g, 방울토마토 10개, 두부 1모, 플레인 요거트 1개, 올리고당 2큰술, 우유 5큰술

만들기

01 방울토마토는 씻은 후 반으로 자르고 두부는 2×2cm 사이즈로 자른다.

02 볼에 가루생식, 플레인 요거트 1개, 올리고당 2큰술, 우유 5큰술을
     넣고 거품기로 잘 섞는다.

03 토마토와 자른 두부에 드레싱 재료를 잘 섞어 뿌린다.

Tip

밭에서 나는 고기라 불릴 정도로 단백질 함량이 높은 두부는 열량이 낮아 다이어트에
도 좋다. 두부에 묵직한 질감에 상큼함을 더하기 위해 방울토마토를 곁들이면 더욱 맛
있게 즐길 수 있다.

[생식 요거트스무디]

재료

가루생식 40g, 냉동 블루베리 100g, 시럽 2스푼, 플레인 요거트 500ml

만들기

01 냉동 블루베리를 해동한다.

02 가루생식, 냉동 블루베리, 플레인 요거트, 시럽을 넣고 믹서에 곱게
     간다.

03 컵이나 볼에 담는다. 블루베리 외에 냉동딸기를 넣어도 좋다.

Tip

블루베리는 시력을 좋게 해주고 피를 맑게 해주는 효과를 가지고 있어서 적정량을 꾸준히 섭취하면 혈관질환 예방에 도움이 된다. 생식과 함께 섞으면 서로 맛이 어우러져 더욱 부담없이 즐길 수 있다.

[생식 오곡라떼]

재료

가루생식 40g, 두유 1컵, 오곡미숫가루 4큰술

만들기

01 두유에 가루생식과 오곡미숫가루를 혼합해 거품기로 잘 섞는다.

02 따뜻하게 데워 먹어도 좋고, 기호에 따라 꿀을 넣는다.

Tip

생수 대신 두유와 오곡미숫가루를 섞으면 더욱 고소하고 풍부한 영양을 즐길 수 있다.
생식을 처음 접하는 사람도 부담없이 맛있게 먹을 수 있다.

[생식 견과류셰이크]

재료

가루생식 40g, 우유 2컵, 믹스견과류(호두, 아몬드, 땅콩) 50g

만들기

01 믹서에 가루생식과 우유 2컵과 믹스견과류를 넣고 곱게 간다.

Tip

생식에 견과류까지 더해 아이의 두뇌 발달에 좋고, 성인콜레스테롤 수치를 낮추는 효과를 더한다. 피부 미용을 위해서도 효과적인 영양식이 된다.

[딸기파인애플 생식 아이스크림]

재료

가루생식 80g, 물 60g, 꿀 4스푼, 파인애플 1/4개, 딸기 5개

만들기

01 딸기생식셔벗은 딸기와 물 30g에 가루생식 40g과 꿀 2큰술씩 넣고 믹서에 간다.

02 파인애플생식셔벗은 파인애플과 물 30g에 가루생식 40g과 꿀 2큰술씩을 넣고 믹서에 간다.

03 각각 아이스몰드에 부어 냉동실에 얼린다.

Tip

무더운 여름철을 시원하게 보낼 수 있는 영양 가득한 간식이다. 붉은 빛과 초록 빛이 곁들여져 맛과 색을 더해준다. 칼로리도 낮고 조리 시간도 간편하여 누구나 쉽게 즐겨 먹을 수 있다.

[생식 팥두유]

재료

가루생식 40g, 팥앙금 1큰술, 두유 1컵

만들기

01 따뜻하게 데운 두유에 가루생식과 팥앙금을 혼합해 믹서에 넣고 곱게 간다.

02 두유를 따뜻하게 데울 때 중간불에서 뭉치지 않도록 거품기로 잘 젓는다.

Tip

팥은 포만감이 커서 생식과 함께 섭취하게 되면 식사 대용으로 손색이 없다. 이뇨작용 및 배변작용에도 도움이 되어 오래 앉아 업무를 보는 직장인이나 수험생에게 추천하는 영양식이다. 그 외에도 부기 해소에도 도움이 된다.

하루 한 끼 생식

초판 1쇄 발행 2016년 9월 13일
초판 2쇄 발행 2017년 7월 20일

지 은 이 **신성호**
펴 낸 이 **권동희**
펴 낸 곳 **위닝북스**
기   획 **김태광**
책임편집 **이양이**
교정교열 **김진주**
디 자 인 **윤대한**
마 케 팅 **허동욱**

출판등록 **제312-2012-000040호**
주   소 **경기도 성남시 분당구 수내동 16-5 오너스타워 407호**
전   화 **070-4024-7286**
이 메 일 **no1_winningbooks@naver.com**

ⓒ위닝북스(저자와 맺은 특약에 따라 검인을 생략합니다)
ISBN 979-11-87532-09-5 (13590)

이 도서의 국립중앙도서관 출판도서목록(CIP)은 서지정보유통지원시스템
홈페이지(http://seoji.nl.go.kr)와 국가자료공동목록시스템(http://www.nl.go.
kr/kolisnet)에서 이용하실 수 있습니다.(CIP제어번호: CIP2016020841)

위닝북스는 독자 여러분의 책에 관한 아이디어와 원고 투고를 설레는
마음으로 기다리고 있습니다. 책으로 엮기를 원하는 아이디어가 있으신 분은
이메일 no1_winningbooks@naver.com으로 간단한 개요와 취지, 연락
처 등을 보내주세요. 망설이지 말고 문을 두드리세요. 꿈이 이루어집니다.

※ 책값은 뒤표지에 있습니다.
※ 잘못 만들어진 책은 구입하신 서점에서 교환해 드립니다.